Y cy commence le liure du roy
modus et de la Royne racio le quel fait
mencion comment on doit deuiser de toutez
manieres de chasses. Cest assauoir des
cerfz des biches des sangliers de cheureux
des loups ⁊ samblablement de toutes aul
tres bestes saulaiges et la fasson et ma
niere de les prandre Tant par engins
soubtilz come par force de chiens Et aussy
la fasson de faire lez hayes et lez buissons
pour prandre lesdictes bestes tant par true
come par aguet Et aprez moralise sur les
dictes bestes les dix commandemens de la
loy et des sept pechés morteix Pareillement deuise sur le fait de la faulco
nerie comet on doit chiller porter lorrer voler affaicter le faulcon ⁊ tous
aultres oiseaulx de proye Et pareillement comant on les peult garir
de pluseurs maladies qui leur suruiennent ainsi que pourrez veoir par ce
present liure Et aussy deuise de prandre toutes manieres doiseaulx tát
aux latz au bretz a la pipee et aultres pluseurs deduitz En apres verres
Comant dieu le pere enuoya a son filz la cause de la royne racio et de sa
chan Et aussy verres sur le desduitz de prandre les oiseaulx pluseurs bel
les moralites en pluseurs manieres et fassons et especiallement com
ment le diable deffoit la creature en pluseur soubtille fassons come pou
res veoir en ce present liure.

A temps du riche roy Se sa doctrine ne tenoient
modus fut bien le mon Car onceques roy ne fut plus saige
de en paix tenus Dieu luy donna a mariage
Qui auoit loguemet Racio qui estoit si saige et belle
Sur toutes manieres de gens Onceques dame ne damoiselle
Riens appoint faire ne pouoient Ne fut si belle a mon deuis

Et nourie en paradis
Dieu les anuoya ca deffoubz
Pour le gouuernement de tous
Aulcuns biuoient de leurs teftes
Et fi viuoient comme beftes
Quant racio la fouuerainne
Et modus qui par tout la mainne
Leur commancerent a apprandre
Bons faiz de tous maulx reprandre
Ceulx qui ouuroient leur doctrine
Et faifoient euure diuine
Ne pape ne roy ne prelaz
Ne peuuent riens faire en nul cas
Ce neft de la puiffant vertuz
De racio et de modus

OR eft toute cheuallerie
Deftraicte pardue et honnie
Ce par racio et modus
Ne font en leurs faiz fouftenus
Car ilz font maiftre de la querre
Ne nul ne pourroit rien conquerre
Par baitaille ne aultrement
Sy nauoit le confentement
De racio et de modus
Ces deux cloent et ouurent le lus
Des dames et des damoifelles
Sy nature les a fait belles
Ne feront ilz en riens prifees
Mais feront du tout defprifees
Se modus ny a mis la main

Car il eft fur eulx fouuerain
ET fur toute marchandife
A fait racio fa deuife
Et fachent tous les marchans
Ont efte et font mefchans
Qui p couuoitife font yffus
De lordonnance de modus
Et de racio fa mollier
En enfer les fauldra fouillier
MOdus a toutes empiriques
Par quoy fcet les ars mecaniques
Il neft riens quon face demain
Quil neft a prins deuant lamain
A ceulx qui en veulent ouyr
Silz veullent couuraige iouyr
CAr toutes chofes terrienes
Sarrazines ou creftiennes
Ont modus racio pouuoir
Riés fans eulx on ne peult fcauoir
Qui vouldroit riche deuenir
Ne bien biure ne bien finir
Retiengne en fon memento
Les fais modus et racio
MOdus fcet toute medicine
Nature quant elle decline
Ceft fouftenir et bien garder
Que vertus ne faffe verrer
Ainçois que lefcours de nature
Deffaille par droicte mefure
Hieune fouftient en fante

Mais quil soit de modus donte
Aincois que le malade diffine
Luy donra telle medicine
Quil fera touſt reſſuſcite
De grant maladie en ſante
Qui fiſt les droiſ imperiaulx
Ce fut racio la loyaulx
Qui veult que on tende a chaſcun
Ce que luy duit de droie commun
Et les couſtumes des pais
Furent faictes par ſon deuiſ
Modus donna aux aduocas
Maniere de plaidoier le cas

Modus aprant a preſcher
Et ſi fait les poiſſons peſcher
Modus ſcet bien eſtre entre gens
Et ſi a le corps bel et gent
Chanter rire parler iouer
Ceſt il bien nul neſt ſon per
Tous ieulx et tous eſbatemens
Viennent de luy et de ſon ſens

Modus eſt bon muſiciens
Et ſi ſcet de tous inſtrumenz
Nul nen ſcet ſe par luy nom
Il trouuera de chaſcun le ſon

Doute ioye eſt par luy heue
Paix donee paix eſt ſouſtenue
Par luy qui eſt ſire de tous pais
pſmete hait et deſpriſe
Car il neſt nul ſi y la priſe

Qui ne ſoit es vices toutes
Pource doit il eſtre de toutes
Dieu y auoit bien pourueu
Mais de tant nous eſt meſcheu
Que de tous poins ſont miſe ius

IL ordonna tous les deduitz
Affin que ne fuſſions oiſis
De cerf de ſangliers et de dains
De les prandre nous fait certainz
Auſſy nous monſtre et apprant
Comme toutes beſtes on prant
De quoy les deduitz ſont moult
beaulx
Et ſi deuiſe des oiſeaulx
Toute la maniere et comment
On y prant ſon eſbatement
Et come ilz ſont duitz de voler
Et a leurs maiſtres rauouler
Tout ce nous a aprins modus
Et encores nous a fait plus
Car ilz nous a monſtrer comment
Nous prandrions oiſeaulx ſoubti-
uement
A engins et a ratz ſaillans
Prandrions nous tous oiſeaulx
volans
Et que nous ne feuſſions oiſis
Nous fiſt vng liure de dedui
Qui ſans rimer eſt entedu
Pour mieulx ſcauoir le contenu
Des demandes que luy faſoient

 Cy finist la table

Ⴎ temps que le roy modus donnoit doctrine de tous des
duis il disoit a ses disciples seigneurs vous auez veu enti/
tules les bestes esquelles pour les prendre on a de desouis
lesquelx sont moulx pourfitables a ceulx qui en veullent v/
ser selon raison Car ie vous dy que les puissans En eschevent vng vice
mauluais qui est appelle oysiuete de quoy tous maulx vienent et les pou
ures en ont prouffit Et entendu toutes voyes dieu seruir premierememt
que nul ne doit pour son desouit mettre en oubly celuy sans qui riens ne
pult estre fait Et pour ce doit il aller deuant Or me dictes desquelx des
duiz vous plaist a oyr· Lug de ses aprentifz luy demanda sire lesquelx
sont les plus plaisans et beaulx desduitz de ceulx qui sont etitules Mo
dus respond toutes personnes ne sont mye dune voulente ne dung cou/
raige ains sont leurs natures diuerces Et pource ordonna dieu nostre
seigneur pluseurs desduitz qui sont de diuerses manieres affin quechas
cun peust trouuer desduitz a la plaisance de sa nature et de son estat Car
les vngs appartiennent a eulx richez Et les aultres a eulx pouures Et

a i

pourcce les vous deuiseray par ordre et commanceray a la banerie des
cerfz et commant on le prent a force de chiens lequel desduit est vng des
plus plaisans qui soit Laprentis demande en quelle saison on doit cha
cier le cerfz pour le prendre a force· modus respond la saison de chacier
le cerfz est entre la sainte croix de may et la sainte croix en septembre et
le cueur de la saison ou ilz rue milleur venoison est enuiron la magdelai
ne en ce temps froient les cerfz leurs testes lapretis la cause pourquoy
les cerfz froient leurs testes Modus respond toutes les choses qui ont
bie sont gouuernees par la chaleur du souleil Celle chaleur est propice
a toute nature que rien sans elle ne peult frutifier par quoy nous voios
que en liuer quat le souleil nous regarde de couste et il va aplain sur no⁹
son regard qui gele et fait grant froit et la vertu des arbres et des herr
bes retourne a leurz racines Et pource sachez leurs fueilles et cheent
et aussy la vertu naturelle qui est es bestes retourne a leurz racines cest
au cueur et au foye que le sang retourne qui soustiet la vertu lame et la
nature Et pour celle cause geste le cerfz les cornes chunan en puer que
la vertu naturelle qui la tenoit en son grant siege luy est eslongnee·Or
vo⁹ dirons pour quoy les cerfz froiet leurs testes en feurier et en mars
que le souleil commance a nous regarder les arbres et les herbes pre
nent seue et gestes leurs bourgons Et en celle maniere et pour celle cau
se reprennent les cerfz seur cest le sang et la vertu qui leur vient en la
teste et ces mambres Par quoy leurs cornes comancent a venir et vie
ent sur leurs testes bosses molles plaines de sang et ycelles croissant
fourchent enuiron le temps de la magdelaine deuiennent dure et affil
lees et sont couuertes dune pel mousseue et dessoubz est corne dure q̃ na
ture leur aprent a froter leur teste contre les arbres par quoy celle pel
De quoy elles sont affublees chiet et ainsi apareillent leurs cornes de
quoy dieu et nature les arment pour eulx deffendre dequoy nous vous
parlerons cy apres ou nous traicterons de leurs natures et ou temps
dessuditz sont ilz en leurs grant gresse Or vous auons deuiser la cause
pour quoy les cerfz froient leurs testes· Laprentis demande combien
de chiens fault a prandre le cerfz a force Modus respond deux chiens

ou troys filz font feruans et baus prēnent bien vng cerfz a force mais
le defduitz neft mye fi bon comme de le prēdre de mute de chiens ¶La
prentis demande que appelles vous mute de chiens ·Modus refpond
mute de chiens eft quant il ya douze chiens courans et vng limier et
fe moyns en ya elle neft pas dite mute ⁊ fi plus en ya mieulx vault car
tant plus de chiens milleur eft la chaffe et la noife quilz font eft plus
touft eft prins le cerfz fe les chiens font bons ¶La prentis demande ql
le chofe fault il aprēdre pour fcauoir le meftier de vennerie Modus ref
pond q̃ vouldra bien fcauoir le meftier de vennerie apregne les xij·cha
pitre de vennerie·

¶ Les xij·chapitre de vennerie

LE premier eft commant on doit parler de vennerie ¶Le fecōd
a quel figne on congnoift grant cerfz ¶Le tiers commāt on
doit aller en quefte ¶Le quart commant cerfz deftourner ¶Le
quint commant on le doit tourner du limier ¶Le fixieme commant on
doit laiffer courre ¶Le feptieme commant on doit chacier ¶Le viij·cō
mant on doit cornez et huez ¶Le ix·cōmāt on doit le cerfz efcorcher ¶Le
x·commant on doit le cerfz deffaire ¶Le xi·cōmant on doit faire la cure
aux chiens ¶Le xij·commant on doit faire le debuoir a fon limier ·Or
vous ay dyuife les xij·chapitre de vennerie·

LAprentis demāde cōmant on doit parler de vennerie et qllez
parolles on doit dire Modus refpond toutes chofes appartie
nent eftre faictes par moy et nom aulttemēt fi la parolle nef
toit par moy ordonnee fe feroit cōfufion a celuy qui la diroit car parole
bien prononcee procede de fciēce efpeciallemēt puis que fa maniere des
polles font ordonnees felon le meftier de vennerie Sy deues fcauoir q̃
auffi cōme les beftes fe diffaizent les polles car celles qui font dites en
la vennerie des cerfz et des rouges beftes ne font mye telles cōme elles
font en la vennerie des beftes noires Et felon laduerfite des beftes font
les polles diuerfes or retiens fes polles tant cōme mote a la vie des be
ftes ilz font pnoncees en cinq manieres Aulcuns dict quilz paffent lez
aultres quilz mēguēt les aultres q̃lz pafturēt les aultres q̃lz viendēt

les aultres de quoy il y en ya troys confuses selon le meftier de venneri
e et deux qui font dictes felon le meftier Quant a la vennerie des cerfz
et de toutes aultres beftes rouges on doit dire viender quant aux beftez
noires et aux aultres on doit dire manger et fes polles de vieder furēt
par moy ordonnees fur les beftes qui nont nulles dans deffus comme
cerfz et biches cheureux et telles beftes la fiēte des fauuaiges beftes fōt
nōmees en quatre manieres lez vnes font appelles fumes les aultres
baies les aultres crotes lez aultres ftercimas Celles des cerfz et dз be
ftes rouges deffudictes font appellees fumes Celles des beftes noires
font appelles laies Celles des loups lieures et des cōgnis font appellez
crotes Et celles des coupiz et des puētes beftes font appelles fientes
Celles des loutrez font appelles fterturias ou efprintes daultre manie
re de parler ordōnemēt Sur les pies des cerfz Car les pies des beftes
et les noires beftes et des loups font appelles traffes et nō mye lez aul
tres beftes Mais font appelles piez Et fil aduiēt que tu aye veu vng
cerfz a lueil et on te demāde quel eft le cerfz que tu as veu y fault que tu
refpōde felon lordonnance que nous auons faicte au meftier de venne
rie fi te diray cōmant tu le diuiferas Cerfz font greigneur de corps les
vngz plus que lez aultres Et fil aduient fouuent que vng cerfz qui a le
corps petit a grant tefte et auffi le contraire Cerfz ont troys manieres
de couleurs du poil font auffi diuifees lung eft dit brūg et laultre eft dit
blong laultre eft dit rouge dont le brūg eft le blong font mieulx aprifer
quant adeuifer les teftes lune eft appellee tefte rouge laultre eft appel
lee tefte bien nee et bien crochee et laultre eft dit tefte contrefaicte·Sy
dirons plus aplain pourquoy ilз font ainffi diuifes Apres les branches
qui font es cornes du cerfz font appellees ondoilliers fingulieremēt et
en general font appelles cors et fi on te demāde cōbien de cors porte le
cerfz ne luy prononce mye pource que fil ne portoit que neuf corps fi doit
tu dire quil porte dix cors tofiours fait ton compte per Car le plus grāt
nōbre emporte le moins Et fil a biēt ǫ tu ayes encōtre dung cerfz fi biē
marchant que mieulx ne puiffe eftre et on te demāde fil eft grant cerfz
par les traffes dis quil eft cerfz de dix cors fil eft bien marchant et plus ·

grant nombre ne doit tu dire en te cas Mais bien peult tu dire qui les
a aultreffoys portees si te semble viel cerfz par les trasses Et saches ql
y a moult daultres parolles qui seront dictes sy apres selon le meftier
de venerie qui te fault aprandre et retenir ou tu auras confusion de ceulx
du meftier.

¶ Cy deuise a quel signe on doit congnoiftre grant cerfz.

L'aprétis demande a quelz signez on peult cognoiftre grat cerfz
Modus respod on le peult iuger et cognoiftre grat cerfz a cicq
signes le premier est par les trasses le second p les fumes le
tiers par le froiers le quart par le lit le quint au boys porter Sy te dy
ras comant tu cognoiftras le ieune cerfz de la biche et viel cerfz du ieu
ne Sy tien pour certain ql nest nul cerfz tat soit ieune quil naft les traf
ses plus longues et les tallons plus gros que vne biche bien marchat
cobien que la biche ayt la ioule du pie plus large q na vng ieune cerfz
Entant touteffois ie ne dy mye quil soit appelle cerfz sil ne porte corne
de six cors ou de huit ou de x. Et auffi a le ieune cerfz les deux oftes qui
font endroit la iointe du pie au deffus du talon plus large et plus large
et plus ouuerte que na vne biche Et se tu veulx veoir les differances et
aprendre comant tu congnoiftras le ieune cerfz de la biche par lez traf
ses Et auffi le grant cerfz du ieune et sil est chaffable ou nom pame q tu
es les trasses dune biche et telles dug bien marchat biel cerfz Et regar
de les vngz et les aultres et auffi les aduise Et les empreing en ter
me terre puis en molle si verras les differanqes q sont entre les vng
et les aultres trasses Et du ieune cerfz pquoy tu purras copprandre et
emplir ton propos et auoir cognoiffance des vieulx cerfz et des ieunez
et crois que tu trouueras que les trasses dung ieune cerfz qui ne porte
que vi cors ou huit serot plus grosses en la foles et les espoirs du pie
plus tranchant et la pince du pie plus ague q celluy de la biche ou du
viel cerfz Et touteffoys a plus grat tallon a la folle du pie plus large
et les oftes plus gros et plus larges Car qui doit porter x comes cel
luy qui est ieune a qui nest mye chaffable Et doit on bie souuet que vng
grat cerfz a bien la folle du pic creuse a lespondu du pie trachat Sanes

a iij

pourquoy pource quil aura tosiours demoure en pays mol et marchãt
sans pieres et naura point este chasse de chiens ne de loups Sy te de∕
uiserons cõmant grãt cerfz doibt marcher Sy tu encontre ong cerfz et
il ait marche en ferme terre et voys quil ait les trasses longue et la solee
du pie large cõme tes quatre doys et le talon gros lapuice du pie rõde
et si marche en molle terre que tu puisse veoir les ostez silz sont larges
gros et rons Tien par ces signes q̃l est grant cerfz Et puis dire de cer
tain quil a aultresfoys porte x·cors Or te deuise cõmant tu pourras iu∕
ger et congnoistre cerfz par les trasses Sy deuise commant tu le pou∕
ras iuger par les fumes·

¶ De congnoistre les fumes du cerfz·

E cerfz laisse ses fumes la saison durant en quãte manieres·
Sy vo⁹ dirons les causes et quelles elles sont de puis la saite
croix en may iusques a la my iũg ou enuiron lesse le cerfz ses
fumes en platel pour les bles et les viendes qui sont tẽdres pourquoy
pour la tẽdrete les fumes ne peuuent prendre sourme ꞓ lez plateaux
sont larges et gros cest signe quil soit cerfz chassable et cerfz a dix cors
Item despuis la my iung iusques a lamy iuillet ou en biron laisse le
cerfz ses fumees en torche pource que les viendes et les grains endurif
sent Et doncques commancent les fumees aprendre sourme · Et se tu
les treuue de grosse forme et en grosse torche et bien moulues cest signe
q̃l est cerfz de dix cors chassable Itẽ de puis la my iuillet iusq̃s a lamy∕
aoust ou enuirõ laisse le cerfz ses fumes en forme de dates et mole et ne
sentretiennẽt poit et si tu les treuues dicelles sormes et grosses et les
butes sans pignons et bien peu daultres noires et fernies et bien mou
lues dedans et bien oingtues et pesans sans glecte ne limon tien pour
certain quil est cerfz chassable sans reffus et q̃ par raison doit porter·x·
cornes et situ les treuues baines et mauuaisemẽt digeres se sont mau
uais signes Sy les te dirons Sy tu les treuue bainnes et mauluaise
ment digeres·cest mauuais signe de cest grãt cerfz et situ les treuue li
mõncules et gletẽtes cest signe q̃l ait eu a souffrir de loups ou de chiẽs
se ilz sont apignons cest adire que lung des boutz soit affillee et pointeu

est signe quil nest mye chassable ains est de reffus Et tient que la my
aoust passee fumes ne sont de nul iugemēt ·la cause si est pource que les
cerfz se demantent des biches et commancent a eschauffer parquoy les
fumes se restraignent et les laissent an autre fourme·

on peult iuger et cōgnoistre grant cerfz par les froyes a se te
dirons cōmant enuiron la magdelaine que les cerfz froient le
urs testes se tu treuue boys ou le cerfz ait froye sa teste et tu
le boys a quoy il cest froye soit si gros quil ne le puisse auoir ploye et il
se soit force bien hault et ait bien le froyer esmoude et les branches rō
pues bien hault et que les grosses branches soyent trossees bien hault
et rompues cest signe quil soit grant cerfz et quil ait haulte teste et bien
crochee Car par la crochure qui est droite laisseront ilz les branches haul
tes quilz ne peuuent tenir et ploier soubz luy on noseroit iuger quil fut
grant cerfz ·Sy te dyrons cōmant tu le iugeras par le lit·

¶ Pour sauoir se le cerfz est chassable par le lit

E quart a quoy tu peutz iuger si le cerfz est chassable cest par le
lit et le seuras par ses signes Se tu bient au lit dung cerfz a
tu le treuue long et large et bien foulle a que au leuer q̄ le pie
et le genoil aiēt bien sondu la terre se sont signes quil est grant cerfz et
pesant Car ce que le lit est grant et large donne signe quil est grant cerfz
de corps et quil est bien foule et que le pie et le genoil ont bien sondue la
terre au leuer qui faict donner signe quil soit pesant Sy aduient souuēt
quant on bient au lit du cerfz qui naigueires ieu et que ce nest que vne
repolee pourquoy le lit nest mye si large · Touteffoys cest signe destre
grant cerfz si la repolee est bien foullee a longue

¶ Commant on congnoit grant cerfz au boy porter

On peut iuger et congnoistre grant cerfz au boys porter Sy te di
rons cōmant il aduiēt quāt vng cerfz se passe par vne fort dru de
ieunes rameaulx et le cerfz a haulte teste et large ilz couient q̄ la teste
emporte les boys hault et large Cest adire que la teste qui est grāde a
large mele du boys dune part et daultre par ou il passe et q̄ vne brāche
cheuauche lautre a soyent meles aultremēt quilz ne doiuēt de leur droit

cours naturel Et se tu voys q̃ ainsi le toys soit melle hault et large cest
signe quil ait haulte teste ⁊ large ⁊ que le cerfz qui grant teste nauroit
ne pourroit ainsy le toys emporter car par ses signes peutz tu emplier tõ
propos quil est cerfz chassable sans reffus se ainsi las veu et trouue ẽta
queste Et dece pourras estre dit tesmoing

¶ Commant on doit aller en queste pour le cerfz

L'aprentis demãde comant on doit aller en queste · modus res-
põd il nest que quatre maniere daler en queste Sy vous dy-
rons premieremẽt comant on y doit aller au vespre aincoys
que les teneurs etlles cõpaignons qui doibuent aler en q̃ste se voysent
coucher ilz se doiuent asembler et deuiser leur queste ou il se doiuẽt asem-
bler puis se doiuent leuer auãt le iour et aler en leur questes ou il sont
ordonnez Sy te dyray les quatres manieres daler enqueste la premie-
re est daler en veue la secõde daler aux chãps la tierce daler a ieunes tai-
les la quarte est daler parmy les fors Sy deuiserõs la maniere si tu
ras a veue tu dois aler empres q̃ tu puisse veoir le cerfz a lueil par raisõ
et que tu soyes au pais ou tu doys veoir au point du iour Et gardes que
tu y voyses en telle maniere · que les bestes nayent mye le vent de toy et

foyes au defoubz ou bent puis mōnte hault en bng arbze pour mieulx
beoir Et fi tu boys cerfz qui te plaife fi regarde quelle part il yra et en
quel endzoit il fe deftourrnera ou tu enpozas la beue gecte bne bzife quāt
tu ten yras et doy entendze grant piefte auant que tu ten boyfe affin ql
nait effroy de toy Et quant on ba a beue on ne doit point mectre de limier
mais doit eftre laifte en certain lyeu quil ne face nul effroy La feconde
maniere daler en quefte eft daler aux chāps es bles et es tremoys ou
les cerfz bont biender et ne te chault commant tu y boyfe matin fors q̄
tu puiffe beoir a terre et iugier quieulx beftes y auront biender Et fe tu
boys chofe qui te plaife gecte bne bzife·

¶ La tierce daler en quefte ¶ Laultre maniere daler en quefte qui
eft la tierce daler es icunes tailles ou les cerfz et les rouges beftes bie
dent boulentiers a ne mener mye ton limier et fe tu y as efte a beue a tu
en ya beu ne laiffe mye pource a regarder en la taille es charbonnieres
et par tout alieurs a lueil Se tu pouras beoir le cerfz il aduient fouuent
que les cerfz partent fi a heure des tailles que tu ne les auroies peu be
oir partir Et y ba fi matin comme tu bouldzas fors que tu puiffe beoir a
terre et coignoiftras de quelle beftes tu auras encontre·Et fe tu boys
chofe qui te plaife gecte bne bzifee et ba querir ton limier et fache q̄ ceft
mauuaife chofe et inraifonnable de la mener trop matin es tailles ne p
my les boys pource que cil fent aulcune chofe ou beftes et y crye toutes
les beftes qui font ou pais en font effroyes a aulcuneffoys ne demeurēt
mye en leurs buiffons ou ilz ont acouftume de demourer· Et ne doit tu
mye mener ton limier tant que toutes beftes foient demoures·
¶ La quarte maniere daler en quefte

Uatre maniere daler en quefte eft daler parmy les fors
en pais ou cerfz doyuent demourer et es fait ainfi ilz adui
ent fouuent que le cerfz eft fi mauuais de foy que quant ilz
a oy les chiens ou le limier ia puis ne releuera es tailles
ne aux chiens Mais biendra dedans le fort entour luy en fon buiffon·

Et pour celle cause est bon dauoir affaictie son limier en telle manieres
qui ne crye point au matin fors quãt son maistre le veult Cy te dyra cõ
mant celle queste se doit faire va a si haulte heure que toutes bestes so
yent demoures par my les fors du bops enuope ton limier deuãt toy en
chascũ carrefour ou tu passeras gecte vne brisee Setz tu pourquoy il te
fera dit si apres ou chappitre de destourner le cerfz Sy ton limier encõ
tre aulcune chose retiens le et garde quil ne crie q̃ le moyns q̃ tu pouras
et le lie vng peu en sus dillec et la paise Puis reuien ou il encontra et
garde a lueil si tu terras p le pie se dequoy il encontrera et se tu vops q̃ se
soit chose q̃l te plaise gecte vne brisee et retray or tap ie mostre à duise
lez·iiij·manierez daler enq̃ste si te dirõs cõmãt tu destourneras le cerfz·
℘ La maniere cõmant on doit destourner cerfz du limier au matin·

Aprentis demãde cõmant on doit le cerfz destournes modus
respõd se tu veulx le cerfz destourner il te fault trops choses cõ
sideres Cest le temps le pais et la saison Cest tu pourquoy il te
fault considere le temps sil aduient quil ait pleu grant eaue va es hau
tes fors Or te fault consideres le pais cest tu pourquoy pource q̃ cerfz
marchent myeulx en vne forest que en vne aultre Sy te diray la cause
il aduient souuent q̃ vne forest est plus dreue et plus pierreuse que vne
aultre parquoy les cerfz ont plus courtes trasses et pl9 camuses et les
espandes du pie plus rondes et si le pais est mol et plain de marez il a
trasses celles comme nous auons deuise si deuant ou chappitre ou il de
uise si deuant au chappitre ou il deuise quieulx signes on peult iuger cerf
par les trasses Or te dirons la cause pourquoy il te fault considerez la sai
son Tu dops scauoir que en la saison que les cerfz ont leurs testes ten
drent qui leurs reuient ilz doubtent pour la tendreur de leurs testes ade
mourer es fors ains demeurent voulentiers es cleres fustais et en aul
tre pais cler Et quant ilz ont leurs testes dures et que ilz sont froies ilz
demeurent es fors buissons druz de bops pour quoy se tu veultz destour
ner cerfz il te fault considerez se que nous tauons dit la cause si est se vng
cerfz a la teste dure ou est frapee et le temps est scec tu ne le dops mpe te
nir a destourner sil estre en cler pais à si le temps est eauuer à le bops moile

de grãt pluye si entre on cler ou le cops tenir pour destourner et ne cops
mpe poursuiure de tõ limier or te fault deuiser lamaniere de le õstourne
va doncques querir ton limier la ou tu lauras laisse et va aur chãps ou
tu auoiẽt veu dũg cerfʒ et laisse teʒ brisees et fait asentir atõ limier et se
tu voys q̃ se soit de bõne arre et q̃ ton limier crie et tire fort regarde ᴁ a
aduise sil est cerfʒ bien marchãt p les signes q̃ tay ditʒ ᴁ deuiseʒ Et sil te
semble grãt cerfʒ par les trasses si aduise encõtre aultres signes lesqui
eulr tu pouras mieulr veoir aur chãps q̃ alieurs prã toy garde se sil en
tre marche cest adire sil met le pie derriere oultre celuy de deuãt cest oul
tre marchier passe oultre quil est de reffus ᴁ sil met le pie derriere oultre
celluy de deuãt encore est il de reffus et le pie de derriere nest pas si ad
uãt cõme celuy de deuant cest vng tresbon aduis et signe et sil marche
plus large derriere que deuãt et q̃ les pieʒ derriere ne vise mie si aduãt
cõme ceulr de deuant cest tresbon signe Sy te dirõs les causes tu voys
scauoir quãt vng cerfʒ va le pas et il sentremarche cest signe q̃l soit ma
gre et quil ait les cuisses plates et les flans greles et costes maigres
et quil ait eu a souffrir Et sil a haultes costes et grosses cuisses il couiẽt
q̃l marche plus large derriere que deuãt et est signe q̃l est poisant ᴁ quil
ait bõne venoison pquoy il doit moins fuire Et aussi se tu voys quil face
lapigate de luy de ses pieʒ cest signe de peulr fuir et q̃l nait mpe este chas
se des chiẽs ne des loups Et se tu voys telʒ signes il te doit mieulr plai
re met doncques paine de trouuer les fumes et se tu treuue q̃l laisse ses
fumes auecq̃s les bõs signes dessuditʒ pren les et met en ton cor ou en
ton gison ·Et ne les tien gueres en ta main car il deuiendroiẽt aigreʒ
parquoy il seroiẽt tout dit des cõpaignons du mestier quil serõt de haul
te erre quãt biẽ droiẽt a la semblee croy donecq̃s entre les chãpʒ ᴁ vois
Et met ton limier deuant toy ᴁ sil encontre du releuer ainsi cõme il viẽt
du boys au chãps gecte vne brise dequoy la brise soit deuers les chãps
et sil encontre de lembrocher cest comme il entre ou voys gecte vne bri
se dequoy labrise soit deuers le boys Et pren garde quel cerfʒ ilʒ sont q̃l
õstournẽt ẽsẽble affin q̃ tu puisse faire rapport ala sẽblee sil sõt ẽ bõe mute
dequoy tu auras aduisement au destourner le cerfʒ des tailles Et aussi

peulz destourner le cerfz des champs puis entre des champs ou buissons
Or doit tu prendre garde a ce que tauons dit cest que cil fait gras eaues
il est entre es haultes fustaies nestre poit ou loys a tout ton limier pour
ce que en tel pays peult bien demourer cerfz le temps silz ont les testes
tendre aussi demouroiet voulentiers encler pays Sy come tauons di-
uiles Et sil ont les testes dures ou froyes et le loys ne soit mie trop plai
de aues tu peulz bien poursuiure iusques au fort mais quil soit si hault
heures que bestes soient demourez en nulle soy ne suit de ton limier au
boys si matin que bestes ne soient demourez et leauue ne soit cheue des-
sus le loys aussy peulz destourner cerfz qui aura biende sur champs

O   r te diray comant tu destourneras cerfz des ieunes tailles pren
        ton limier et va aux tailles ou tu auras veu le cerfz et va a ta
        brisee et fay a sentir a ton limier se dequoy tu auoyes encon-
tre a si haulte heure que bestes soient demourez et le destourne a la ma-
niere comme nous auons diuise comme on destourne des champs mais
il fault retenir trops choses que nous ne tauons pas deuises lesquelles
nous te dirons la premiere est de scauoir se le cerfz est en bonne mute la
seconde dauoir destourne le cerfz de pres La tierce quelles choses sont
les foulees du cerfz Se tu veulx scauoir quest bonne mute retiens ces p
olles Se tu destourne deux cerfz esemble et lug est trop ieune cest mau-
uaise mute et silz sont troys ensemble et soient de reffus cest mauuaise
mute et tant sont plus de cerfz ensemble et plus est mauuaise mate Sy
le cerfz q tu auras destourne est demoure en fustas cleres cest mauuaise
mute sil nest seul sil sont deux grans cerfz ensemble cest bone mute slz
sont troys ensemble et ilz sont grans cerfz cest bonne mute qui a grat
foyson de chiens Or retiens ces parolles car elles sont necessaires que
tu pregne garde quant tu destourneras cerfz Car il te sera demande a la
semblee ce les cerfz que tu as destourner sont en bone mute Jl te fault
scauoir que cest a dire Dauoir destourner le cerfz de pres sil aduient q
tu en destourne vng cerfz de champs ou de tailles et tu le poursuit ius-
ques au fort et gecte tes brisees la ou il se destourne tu doys retrayre
Et sil est haulte heure que toutes les bestes soient retraictes ·   Du

demoures fay ung grant enfainte au deuãt ou pais ou il destourneta
ton limier deuant toy et va de voye en voye gectēt tes briles a chũn car
refour et va et reuiens deux foys ou troys tout entour et se ton limier
ne rencõtre daller ou de venir tu peulx bien scauoir quil est demoure en
ton enfainte et est adire destourner de pres Et sil aduient que ton limi
er en encontre a son enfainte et il entre en pais ou il doit demourer ne
pourfuit mye mais tire arriere ton limier et lapaife et latache a ung ar
bre et teuiē ou tõ limier cria et regarde a lueil et pourfuit Et se tu voys
que ce soit du cerfz que tu destournast et il alaft bellemēt sans foy effroy
er gecte vne brile et te retienz et sil cefforce et quil sen voyse de toy tu le
berras par ces fignes Se tu voys que la terre soit rompue et cefmeuue
de nouuel et quil voile le pie deuant ouuert cest figne qul ait eu effroy
et quil sen vife de toy Et adoncques la laife de tous point mais prē toy
bien garde q foit de celluy que tu auoye destourne et fe fauras tout par
les trafes fe tu les vois celles · celles font de celuy et encores pour my
eulx fauoir fil fen va deffroy tu le fauras par les fignes qui font deux
lung fi est fe tu vois a terre la forme de deux oftes qui font au deffoubz
de la ionete de deuant et fe tu en vois enferme terre cest figne quil fuit
et quil fen va Laultre fi est q tu le vois que la fuite renõuelle a tõ limi
er cest adire quil cefforce de le fuiure a de trier tien pour certain quil fen
va deffroy Et fe le cerfz va bellemēt fans foy effoxier et il entre en pa
is tel q par raifon ny deuft mye demouuer pourfuit a doncques de ton
limier tant q tu biēgne en pais ou il doit demourer et gecter tes brilez
a chafcun carrefour Or te diray que cest a dire folees fe tu encontre dũ
cerfz en tel pais q tu puiffe veoir lépzunte du pie pour lerbe et ne puiffe
veoir la fourme du pie tant feullement fe font dites folees et fe tu vois
Quil puiffe biē a terre et que tu boutes tes quatre toys es folees qui
foient de longue forme tu peulz bien dire quil est grant cerfz par les fo
lees Sy te fault deuifer cõmant on deftourne le cerfz dedans les fors
quãt tu auras efte pmy les fors de voyeen voye a tout tõ limier fe tu as
choles ql te plaife trauerfer fans la voye ie le tiens pour deftournes Et

pour le destourner de plus prez va de voye enuoye tout entour ton limier
dauant toy affin quil ne soit passe ⁊ ql soit demoure en ton ensainte com
me aultreffoys tauõs deuise en gectãt tes brisees a chũ carrefour Sy
te dirons les causes pourquoy quant tu fais ta queste parmy les grãs
fors il fault que tu metent vne brisee a chascun carre four-les brisees
sont necessaires et pourfitables pour trops causes la premiere cy est q̃
on ne sauroit reuenir a sa sinte la ou on auroit destourne le cerfz se nes/
toit par les brisees-la secõde se ie gecte mes brisees ou pays ou ie feray
enqueste les cõpaignõs qui sont es aultres enquestes ne demeure mye
ou pais ou iauray este silz treuuẽt mes brisees La tierce se le cerfz q̃
iauray destourne des pres passe vne des voyes ou iauray gecte mez bri
sees ie apparceueray bien quil sera despuis passe que ien party Et en de
rite ilz donnẽt moult dauisemẽt a ceulx q̃ en boys bont en moult de ma/
nierez Et doit gecter la brisee deuers toy et se tu treuue vng carrefour
du boys passe vng peu oultre le carrefour et gecte ta brisee ·Or aduiẽt
biẽ aulcunssoys q̃ le cerfz demeure biẽ es fors sans trauarcer les boyes
qui doubteroit que cerfz demourast en vng pais pour encontrer de tieulx
cerfz·sont bons limiers qui point ne criẽt au matin qui les peult biẽ ty/
rer ou trauercer les fours pour scauior se on en poura encontrer et en ce
fault bien considerer le teps Car ce cest ou teps quilz froiet leurs testes
on peult biẽ trouuer leur froyer dedẽs les fours ⁊ se cest aps lamy aoust
et on scauoit vng seul dedãs les fors illecques en deueroit tu econtrer ⁊
ainssi peult on encontrer ⁊ destourner malicieulx cerfz·Or te dirons q̃
tu feras du cerfz q̃ tu auras beu a lueil ou tu auras este bene pren ton
limier deuant et fais vne grant ensainte biẽ longue dela ou il entrera
ou fort ⁊ va les voyes ou le cler pais ainssi côme ie tay deuise Et sil est
demeure en ton ensaite sy ten va a la semblee gectẽt tes brisees et quãt
tu biẽdras a la semblee y te sera demande et dit que tu deuises les cho
ses que tu auras beues a leueil si a bien manierez a diuiser cerfz si le te
diray ¶ Nous tauons deuisez les couleurs du poil que les cerfz ont et les
nõbres des ondeliers de leurs testes qui sont appelles cors que tu dois
dire pour tant il te fault deman

de quant cors le cerfz porte mais nous ne tauons mye deuise la facon
du corps que grant cerfz doit auoir ne pourquoy sa teste est appellee ren
gee ou contre faicte la facon que grant cerfz doit auoir de corps Il doit
estre grant et son poil doit estre brung ou blang comme aultre foys ta
uons dit et doit auoir le ventre bien aualle et grosses trousses dessoubz
le ventre et la crompe large et les nages grosses et bien rebrassees et
les costes hauls et plains et les fesses blanches et la queue courte et le
col gros et plain de chair vers les espaules de tieulx cerfz sont les nou
uelles plaisantes Or vous dirons de la teste du cerfz pour quoy ilz sont
appelles rengees ou contrefaictes Celle qui est appellee teste rengee
ceste vne teste qui nest mye crochee et est vne teste haulte et large en ar
che et ne sont nulles perches boiteuses et sont les endoilierez bien ren
gees et au long des perches et les perches sont bien ploiees et en ar
ches par mesure sans estre acoutees telles testes sont appellees testez
rengees · La teste qui est appellee la teste contrefaicte cest celle qui a
les perches boiteuses et acoutees qui na mye la tranchante belle celle
est appellee contrefaicte Celle qui est appellee teste de belle facon cest cel
le qui est haulte et bien en archee et qui a la tranchure bien dure cest cel
le qui est dite de belle facon Et quelque teste que cerfz porte soit a grosse
ou a gresle si lez mulles sont pres de la teste cest le plus grant signe qui
soit sus le cerfz qui soit biel et par quoy on peult mieulx iugier quil soit
biel cerfz

❡ Cy demonstre commant les veneurs sont a la semblee pour la de
uiser de leurs chace·

En ceste doulce saison de ce que toute nature se resiouist et
que les oysellons chantant melodieusement en celle bel
le forest et la rousee gectez ses doubces larmes qui relup
sent sur les fueilles pour la clarte du souleil et la place ou
la semblee est en vng beau lieu delictable et secret et les veneurs y sont
tenus qui viennent de leurs questes et le seigneur a qui la chasse est et
ceulx q̃ ouyr la veullet sont tenus auecq̃s luy a la semblee la sont faictes

Les enqueſtes de bois a qui de bannerie ne ſauroit reſpondre ſy cõme
il teuroit ſeroit confuſion a celuy qui parler nen ſauroit car on deman/
dera a ceulx qui ont eſte en enqueſtes quelles nouuelles ilz auront de
leurs queſtes Sy doit dire chũn ſe quil a trouue et fait · Et ſe aulcunz a
teu le cerfz on luy fait deuiſer et ſil aporte des fumes ilz les mõſtre et en
iugent leſquelles ſont milleure et diět les cauſes pourquoy ilz les treu
uent a bonnes ou a mauluaiſes et pourquoy ilz ſont de reffus · Et auſſy
leur fera demãde en quelle mute ſont les cerfz quilz ont deſtournes leſ
quelles choſes nous auons fait mention en ceſt liure Et puis ordonnět
eſquieulx ilz pront laiſſer courze et quieulx chiens ilz laiſſerons courre
ou le teles yra Puis ſaſſient au bout ſur larbre vert et boiuent et men/
gent a qui ſcet bon motz ſy le dit Et quant on ſcet bonnes nouuelles de
bois et le temps eſt bel et ſetain et nature prent ſa refection ceſt raiſon q̃
le cueur ſoit lye Et quant ilz ont menge ilz montent acheual pour aller
laiſſer courze chiens·

¶ Cy deuiſe comment on doit le cerfz courze·

Apzantis demande commant on doit le cerfz trouuer modus
luy reſpond quant on ſe part de la ſemblee le premier qui la

destourner doit aller devant a tout son limier ꝶ le doit mener derriere soy
et le doit tenir court et les veneurs decheual doiuent aller apres et puis
les chiens courans Et quant le venneur qui doit tourner le cerfz vient a
sa brisee trauarsant ou le cerfz se destournera ꝶ y doit mectre son limier d
uant luy ꝶ doit alonguer son lien et tantost le limier traitra a sa sinte ꝶ
suyura Si fault considerer quatre choses qui bien veult trouuer le cerfz
du limier la premiere que tu pregne bien garde que ton limier ne chasse sa
sinte La seconde quant il sen pra La tierce que tu preigne garde se ton
limier suit au vet la quarte que tu faces tousiours ses brisses haultes et
basses apres toy quat tu suiuras le droit Si te declairerons plus aplai
les quatre choses dessusdites quat ton limier suiura du cerf que tu auras
destourne se tu veulx scauoir quil nait point change sa sinte si regarde
a terre Sy tu pourras veoir la forme du pie et aduise sil marche ainsi co
me celluy que tu auoye destourne et a ce sauras tu sil y a change sa sinte
ou nom Et aussi le sauras tu par les sumes Se les treuue en la sinte si
sont telles que celles que tu aportas a la semblee si pourras scauoir par
ces signes si ton limier charge sa sinte silz ne sont plus dug cerfz ensem
ble Item se tu veulx scauoir quant il sen pra de ton limier regarde arri
ere et se tu voys quil marche le pie deuat onuert et q̄ la terre soit esmaue
de nouuel et quil emade a ton limier cest a dire quil tire a supr plus ay
prement quil ne fasoit deuant cest signe quil sen voyse dauat ton limier
Item se ton limier suit au vent tu lesmuras en ceste maniere Se ton li
mier vient au lieu que tu puisse bien reuoir de ce dequoy ilz sent ꝶ tu ne
peult riens veoir tu puis bien penser quil suit au vent Item se ton limi
er suit la teste leuee ꝶ qui ny mect ent point le netz a terre cest signe quil
suit au vent cest a dire quil est au dessoubz du vet par ou le cerfz est pas
se et pource te doit tu retraire et faire vne petit ensinte deuers le vent et
sil encontre regarde a terre et te prens garde ce cerfz de luy et sil neco
tre dicelle ensinte si le fais grigneur Sur le vent ꝶ toutesuoyes que to
limier fauldra a sa sinte si le retray arriere et fait vne petite ensainte et
puis vne grant aussi Comme nous tauons deuise la quarte chose que tu
doys faire si est que quant ton limier suiura et que tu sauras bien quilz

saura du cerfz q̃ tu auras destourne brise tousiours apꝛes toy par ou tu
yras et brise les braches haultes et les laisse haultes et pendētes et se
tu viens au cler si les gecte a terre la quelle chose donne aduisemēt en
deux cas la pꝛemiere si est que les chiens courras qui vont apꝛs le limi-
er seront menes par la sinte que le limier fait pource que les varles qui
les mainnēt verrōt bien par les brisees p ou le limier sera suyuāt la
quelle chose est moult necessaire pource que les chiens asentēt en la sin
te du cerfz quil doyuēt chacier purquoy les saiges chiens legarderont
mieulx p my le change Laultre cause pur quoy les brisees et il dōnēt
cōgnoissance p ou il est alle suiuāt et ou la sinte luy failit affin q̃ puisse
mieulx cōgnoistre sa sinte et traire plus a moult ou plus aual se le limi
er fault a sa sinte Et touteffoys q̃ tu auras certaine cōgnoissance que
ton limier suiura le dꝛoit tu dois crier bien hault p cy parcy pcy affin q̃
les varles q̃ mainnēt les chiēs apꝛochent de toy car ilz doiuēt tenir lez
chiens de long de celluy qui fait le trait du limier et se doiuēt tenir en la
sinte et ne doiuēt bougez tant quilz biēt diere pcy ꝝ aussi par les choses
que nous tauons dictes et deuises pura tu trouuer le cerfz du limier si
tu lesas bien retenuees·

Al pꝛentis demāde cōmāt on doit laisser courꝛe au cerfz quāt
il est trouue du limier Mod⁹ repōd q̃ adꝛoit veult laisser courre
a cerf si pꝛeigne garde que le cerf de quoy il suit sen voyse de-
son limier et ce sauuras tu cōme aultre foys tay dit Se le limier double
sa menee cest adire que sil seforce decourre et quil tire pl⁹ fort quil ne fai
soit et se tu laretstes quil pꝛeigne le bois aux dens mais aulcuneffois pe
ut lon estre deccu pur laissier courre tendꝛemēt sans en veoir par le pie
on sans auoir veu le lit Car souuant ameut que vng limier va trouuer
vng cerf au vent et ne sent mie dꝛoictemēt par onle cerf estale si cōme
aultreffoys tauons dit pource est dꝛoit q̃ tu retraies ton limier se tu ne
puis veoir la beste qui sen va decelluy si fais vne en sinte druers le vent
et puis vne aultre grigneur et si ton limier encontre et tu voys que se
soit son dꝛoit et quil sefforce tu peulx bien laisser courꝛe· Et se tu treuue
le lit et il est long et large et bien foule et quil soit vng peu chault a la

main et q̃ ton limier crie fort et sefforce bien de tirer tu peutz laisser cour
re Mais ce tu laisse courre tẽdremẽt sans auoir ilz aduient souuẽt que
vng aultre cerfz ieune demeure a la sinte ou biẽ pres de ton droit · pour
quoy trop grãt haste nest mye bõne Sy te dirons q̃ tu feraz Sy ton li
mier suit le droit et tu tapareoyquil sen voise de luy si tu es en trop cler
pais poursuis iusques au fort et atache ton limier a vng arbre ou se tu
biens au lit suit vng peu oultre et atache ton limier et corne pour chiẽs
en la maniere qui te sera dit ou chappitre de cornez et de huez Et quãt les
chiẽs biendrõt a toy si les descouble et les areste\premieremẽt les plus
beaulx chiẽs et les plus saiges et les pl⁹ lens et soient contre tenus les
plus ieunes et les plus roides tant que les aultres laiẽt bien auẽte Et
puis soient les aultres laisser aler Sy vous diray pourquoy il fait con
tre tenir les roides chiens il aduient souuẽt que quãt on laisse courre les
ieunes chiens roides aussi tost cõme les aultres que de leur roydeur ilz e
paignent et passent oultre et acueillent le change bien souuẽt Et quant
ilz sont contretenus ilz suyuent les aultres quilz oyent chacier et põt
de leur roydeur et pour celle cause sont ilz laisser courre les derniers ·

¶ Cy deuise cõmant on doit chasser vng cerfz a force ·

Apretis demãde cõmant on doit chacier le cerfz Modus res
pond se tu veulx chasser pour le prendre a force il te cõuiẽt deux
chose necessaires la premiere que tu cõgnoisse le cry de tous tes
sages chiẽs La secõd si est q̃ te fault chasser roidmẽt cest adire q̃ tu sui
uez tez chiẽs pou ilz prõt chassant & les cheuauche de biẽ prs Sy te dirõs
les causes pourquoy les choses que nous tauõs dictes sont pourfitablez
au mestier quant tes chiens auront laisser a chasser et ilz seront en vne
requeste Sy tu les cheuauches de pres tu sauras bien iusques ou ilz au
ront chassier Sy aduiẽt souuẽt q̃ vng cerfz en rasuit sur soy et les chiẽs
qui le chassent passent oultre en chassant pour leur roydeur Sy ne doyt
mye le teneur qui les suit empaindre plus auant Mais le doit retrai
re car vng cerfz ne suit mye tousiours droit deuant soy ou il se destour
ne a vng couste et les chiens de leur roideur passent oultre · Pource est
necessite que tu les cheuauches de pres a la rote quilz yront chassant

b ij

Laultre cause pourquoy ilz te conuient congnoistre le cry de tez sagez
chiens et telle Se tes chiens laissent a chassier ilz sont en vne requeste
et sil y a aulcuns des chiés qui acueillent se tu scez et congnois p le cry
du chien q̃ ce ne soit mye vng de tes sages chiens tu ne doys mye trop
fort huer dessus ne afforcier tes aultres chiens a traire sur celluy mais
les doit laisser faire sans sonner mot nul Et se tu entés que tes saiges
chiens chassent ce que laultre chasse et quil destourne tu peutz bien chas
sier du cor et de bouche et se tes chiés sont en vne requeste Sy cõme no⁹
tauons dit et vng de tes saiges chiens le destourne et acueille a chacier
tu doys fort huer dessus et atraire tes aulttes chiés a celluy Et sil adui
ent q̃ tes chiens ne puissent mye destourner le cerfz de la rusee quil au
ra faicte tray arriere le pais p ou tu chasse vng peu loguemẽt Puis say
vne petite ensainte et puis vne grãde dũg couste et daultre du chemp q̃
alas chassant et que tu cõgnoisses le cry de tes saiges chiés et plant a
tes chiens tousiours et en criãt arriere Et pource couient q̃ tu suyues
tes chiens de pres tout le chemin quilz prõt chassant a fin q̃ tu te saichez
retraire p ou tu seras alle Et se te dõnera grãt aduisemẽt de toy retray
te si prens garde en chassant a qlle main le cerfz q̃ tu chasse se destourne
ra En suiuãt ou a destre ou a senestre car il est de certain q̃ en faisant ses
rusees il se destourne voulẽtiers a vne main et celle ou ce destourne mai
tient tout le iour cõmunemẽt ses deux choses q̃ ie tay dictes dõnet grãt
de retraire ses chiens pour deffaire la rusee Puis nous te dirõs cõmãt
ou doit relaissier au cerf quon chasse quãt on enuoye ses chiés au reles
on y doit enuoyer tel en chassant cest de faire les brisees pendante et da
uoir aduisemẽt a quelle main il se destournẽt Car se tes chiés chassent
le contre ongle cest adire le reuers par ou ilz serõt ales tu le sauras p
brisees pendãt Et si dõnet aduisemẽt de qui ait cõgnoissance du cry des
saiges chiens Et la cause si est que sil oyent venir aulcune ptie des chiés
chassans cõbien que tous ceulx quon auoit laisses courze ny fussent mie
et quil ny eust guieres de chiés et que auecqs chassat deux ou troys ds
saiges chiens si doit tu relaisser nõ obstãt q̃ le grãt cry ny soit mye Car
ilz souuẽt quon laisse courre a deux cerfz ensemble p quoy tes chiens si

partent Et ne doit on laisser nullemēt tant quon oye les saiges chiens
La maniere de relaisser a cerfz est telle se tu toys tenir vng cerfz suy
ant suppose quil fust et que tu entēdissent les chiēs chasser pour tant ne
doys tu mpe relaisser se tu les toys Mais dois actēdre q̄ les chiens q̄ le
chassent soient passer et se les saiges chiēs le chassent si les laisse passer
les chiens du reles et leur abat les couples a la toute q̄ les aultres y
ront chassant et les toys laisser aller et des couples quant les premierz
chiens sont passes Sy te dirōs les causes pourquoy tu doys ainsi faire
cōme ic tap dit Sy tu toys vng cerfz passer et tu actēdēt les chiēs chas
sier pource ne doys tu mpe relaissier tāt q̄ les chiēs qui les chassent soiēt
te nus iusques a tap ou que tu les toyes Car il aduient souuēt quon oyt
les chiēs chasser et quō berra tenir vng cerfz qui biēdra deuers la chas
se et te seras aduis que ce sera le droit et que les chiēs le chassent et nō
sera ais sera vng aultre cerfz q̄ sera espoir despartir de celluy q̄ les chiēs
chassent ou deffroy dalieurs Et pource te fault actendre les chiēs q̄ chas
sent auant que tu relaisse Encores bous fault dire one chose bien poursi
table pour prendre le cerfz a force et le desconfire Quāt le cerfz sera trou
ue du limier et tu auras laisse courre tous tes chiēs le barlet qui main

ne le limier qui tourne le cerfʒ doit deſlier ſon limier et doit touſiours
chaſſier de ſon limier ·Pour le millieur en le tenant touſiours ·La
quelle choſe eſt bien neceſſaire en troys cas La premiere ſi eſt q̃ ſe tes
chiés acueillent tu dois touſiours aller chaſſant route a tout ton limier
et quãt il biendra ou les chiens acuellent le change ſe le limier eſt ſaige
il ſuiura touſiours le cerfʒ par luy ſont les chiés redreſſier Car le varlet
quãt il verra les fures du cerfʒ q̃ ſon limier ſuiura et verra bien ſe ceſt
le droit et huer ſur ſon limier et actraira tous les chiés a luy au mieulx
qui purra Le ſecõd prouffit qui en biet ceſt q̃ le limier en vault mieulx
et il bient au prẽdre du cerfʒ ou a ſon droit Et aduiẽt aucuneſſoys quon
relaiſſieʒ et laiſſie aller purquoy le cerfʒ eſt deſconfit· le tiers purfit q̃
en bient ceſt quãt le cerfʒ eſt fort long aux chiés ſi q̃l fuit a ſon aiſe pour
quoy il a fait tant de ruſees et de malices que les chiés ne peuuẽt deſmel
ler et eſt cõme au faillir quant au limier ou leʒ limiers ſont venuʒ tellez
ruſees ſont deſmelles p eulx et redraſſent les chiés p quoy il recõgnoiſ
ſent a chaſſer et le võt prẽdre Sy w⁹ dirõs les malices q̃ vng cerf fait
en fuiãt   ⸿ Cy deuiſe les malices du cerfʒ quelles elles ſont·
Ous wus dirõs les malices q̃ vng cerfʒ fait quant on le chaſ
ſe il met de ſa malice la grigneur paine quil peult aſſes forlõ
ger ſi des chiés quil puis ſuiure a ſon aiſe affin de faire ſes ru
ſees plus longes Et quãt on a laiſſer courir ſur luy ſil pa aulcune beſ
te cõme cerfʒ ou biche en ſon buiſſon il treuue p my et ſil tourne il̉le fait
leuer et le heurte des corne pour le baillier aux chiés puis ſen ba oultre
tant cõme il peut et fuit et refuit ſur ſoy et quiert le change puis eſcoute
les chiens venir et ſen fuit touſiours en querant le change et en faiſant
courtes ruſees puis eſcoute les chiens et ſil les oit loing de luy il ſen ba
es grans chemins et druʒ plains de menues pierres et fuit au long du
chemin lõguemẽt et puis rafuit ſur ſoy tout le chemin quil eſt alle puis
fait vng grãt ſault a trauers le plus grãt quil peult et ſen ba ailleurs
faiſant tieux malices et puis ſen bient es riuieres et ſault dedans et ba
et reuient parmy et luy eſt aduiʒ que les chiens ne pourront aſſantir de
luy en leauue ne en chemin puis ſault hault et ba querir le chãge et au

cuneffoys le fait pozter aux biches auffi come fil les vouloit faillir et fe ef
force a elles Et aucuneffoys fait il ainfi aux baches quāt il les treuuēt
et luy eft aduis q̃l fent la fenteur de la biches et quāt les chies ne le voul
dzoiēt chaffer vng aultre malice fait le cerfz quāt il fent quil eft mal me
ne et vaincu il fait tāt q̃l treuue vng ieune cerfz Et fa cōpaigne auecq̃z
luy puis atant les chies le plus q̃l peult Et quāt ilz font pres de luy ilz
heurte le icune cerfz de fes cornes et le fait aller auant puis fait vng
grāt fault en trauers dedans vng buiffon et la fe demeure tout quoy Et
quāt les chies biennēt ilz paffent oultre et encōtrent le cerfz qui eftoyt
auecq̃s luy qui fuit dauāt foy Et fe les chies neftoient faiges telles ma
lices les feroiēt tranfpozter et failliz et pource font neceffaires les limi
ers pour deffaire cellez rufees malicieufes qui les peult auoir a ce befoig
et en font moult faillir par faulte deulx Oz vouz auons deuife aulcunez
malices que fait vng cerfz en fuiāt pour fon garāt Sy neft nul qui tāt
ne telles malices peut penfer et commant il les fait malicieufemēt Sy
vous dirons a quelz fignes on congnoift vng cerfz defconfit.

¶ Cy deuife les fignes a quoy on congnoift cerfz defconfit.

Ly a troys fignes a quoy tu pouras apceuoir fe le cerfz eft de
fcōfit le premier fi eft fil eft baincu a fil fuit voulētiers a bal le
vēt affin q̃ les chies naiēt le vēt de luy a fi fait fes rufees cour
te La fecōde eft quāt il fait recloux du pie et de la gueule Ceft adire quil
fuit deuāt la bouche ouuerte et il la clofe Et auffi en fuiāt auoit les piez
ouuers et il font cloux ceft figne q̃l eft pres de la fin La tierce eft fe tu le
voys p aulcune voye et tu vois q̃l ait le poil herifie et dzoit fur lefchine et
fur la courpe ceft grāt figne de mort et figne q̃ bien toft fe doit faire abay
er et les chies feront auecques luy et il abaye fi te diray que tu feras.

¶ Cōment on ne doit mie courrit fus a cerfz effroyer.

Qe le cerfz eft effroie ne le approche mye pour troyz caufes La
premiere fi eft q̃ fe tu a pchpie tes chies feroiēt fi agres de la
baier de pres q̃ tu les meteroye en auēture q̃ le cerfz ne les tu
aft La fecōde fi eftq̃ tu te doys tenir loing et le laiffer abaier aux chies
lōguemēt pour ataādze les aultre chies q̃ biēnent chaffant apzes le par

fait Et aussi se ressroidist le cerfz et engourdist. La tierce cause est q̄ se le cerfz estoit felon et tu la p̄chaciez de trop pres il te courroit sus et pourroit blaissier toy et tō cheual mais si to⁹ les chiēs sont venus au boys et ilz ont vne piesse abaie tu peux biē descendre de tō cheual loing du cerfz et ataichez et venir tout le couuert pres du cerfz et luy gecter des pierrez pour le faire ptir et aller de place en place tāt q̄l soit en lieu si couuert q̄ tu te puisse tant aprocher q̄ tu luy couppe les iarres de ton espee ou luy donne de ton espee a gecter Et ainsi le pourras destruire et tuer puis dois corner prise assin que tes cōpaignōs te puissent oyr et sauoir q̄l est pris

¶ Cy deuise toutez manieres de corner et cōmēt on doit faire ē chassant

Apprētis demāde toutes les manieres de corner et huer et q̄lles elles sont Mod⁹ respond il est cinq manierez de corner et troys de huer La p̄miere maniere de corner si est corne de chiēs quāt on a trouue cerfz du limier La secōde maniere de corner si est corner de q̄ste. La quarte maniere si est corner de retrait\la quinte maniere si est corner de prinse Les troys manieres de huer sont tellez La premiere si est d̄ huer pour chiēs quāt on a trouue le cerfz du limier\la secōde maniere de huer cest quāt les chiēs chassant\La tierce maniere de huer est pour appeller ceulx quō veult qui a soy viēgnēt quāt on ne scet ou les cōpaignons des boys sont q̄ on veult appellez Or vo⁹ auons deuises les cinq manierez de corner et les troys manierez de huer Sy vous deuiserōs cōmāt il se font Quāt tu auras trouue le cerfz du limier tu dois corner pour chiens et dois corner lōg mot et se les chiēs sont loing de toy et q̄ tu ayes asste d̄ les auoir tu dois corner vng lōg mot et puis vng court en suiuant La maniere cōmāt tu dois corner de chasse\tu doiz corner vng lōg mot biē lōg et puis vng biē court auec ensuiuāt et doublez troys motz bien cours ensuiuāt ensēble puis vng mot court et troys doublez biē cours ensuiuās et ēcores vne aultre foys ainsi et aīsi le dois faire Se tu veux corner de queste\q̄ste si est quāt tu as laisse aller tes chiens p̄ my le boys pour trouuer aulcune beste q̄ tu ne puis trouuer du limier ains le q̄rraz p̄my le boys daulcune ptie de tez chiēs et en ce faisant corneras en ceste

maniere tu doys corner vng bien long mot a puis corner iusques a dix
motz les plus cours quon peult corner et asses a loisir puis deux lôg au
dernier ainsi corne lon de prinse Et tous ceulx qui ont cors doiuent cor
ner ensemble et est belle melodie Et aussi corne ton de soys a aultre en
sen allant a lostel Sy vous deuiserons comant on doit huer quant on a
trouue le cerfz du limier Celluy quil a trouue quât il hue pour auoir les
chiens il doit huer vng bien long mot Et quant il hue et les chiês chas
sant il doit huer a longe a lainne troys foys bien pres a pres en suiuâs
Et quant on hue Pour appeller les compaignôs on doit huer deux foys
deux cours motz et vng bien long a longue alainne Or vous ayt deui
se commant on doit aller corner et huer Sy vous deuiserons coimmât
on doit le cerfz escorcher·

¶ Cy deuise cômât on doit le cerfz escorcher ou il y a moult grât maniere·

Aprentis demande cômant on doit le cerfz escorchier Mod'
luy respond on en tourne le cerfz cest a dire que tu luy meدت
les cornes au long du corps et le tourne enuers les quatre
pies contremont et que le corps soit entre deux cornes qui doit estre en
uers les enduillieres boutes en terre puis luy couppe premierement la
corneille La quelle est appellee danciere puis faiz vne petite fainte de
ton coutel en la coule et la boute en vng fourchier cest vne verge four
chee ou en met plusieurs choses qui yssent du cerfz Sy comme il te sera
dit ou chappitre en suiuant puis fens tô cerfz de puis la guelle iusquez
au long par dessus le ventre iusques au cul puis pren le cerfz par le pie
destre et enuerse la iambe tout au tour au dessoubz de la ioincte du pie·
Puis le pourfens par dessus la ioincte tout au long de puis ton ensciu
re iusques a la hampe que les bouchiers appellent brichet ou piدtrine
respondent a lésirure que tu fais sur ycelle hampe Et tout ainsi soit fait
en la iambe dauant de laultre part puis pren la iambe derriere et lein
sire tout au tour au dessoubz de la ioincte du pie comme tu fais les aul
tres puis la pourfens tout au long par deuers le iarret respondant a
la fente premiere Entre le cul ou tu ostas lez dautierez a tout ainsi say

De la iäte derriere puis la cömäce a escorcher p les iäbes et quät tu es
corcheras le corps garde biē q̃ tu noblie mie a leuer le paremēt Et quät
tu wuldras leuer le paremēt si garde tät d̄ug coste cöme daultre que le
cueur tiēgne aur coster du cerfz trestout droit de puiz le milieu de lespau
le iusq̃s aufläs au deffoubz der löges bas\puis si couppe a tö couftel et ē
fire tout au lög du couste a lorce du reply du cuir sil q̃ semble q̃l demeure
deffus le cuir bne carnosite tenue Et soit ainsi fait de tous le deur couste
Cest appelle paremēt puis soit escorche et ne couppe mye la queue auec
ques le cuir Mais couppe le cuir tout entour la queue biē pres la queue
Et aussi laisse du cuir tout entour lecul biē pres et ne couppe mie ler or
reilles\laisse les en la teste et couppe le cuir par derriere les orreilles
en allät au trauers en laissent grät bauffrees du cuir pēdät Ainsi pour
ras le cerfz escorcher Sycöme on le doit ou meftier de tenerie

¶ Cy deuise cömant on deffait le cerfz et ya grant maniere·

Aprētis dmäde cömät on deffait le cerfz Mod⁹ respond quät
tu defferas le cerfz oste premieremēt la lägue toute entiere et
boute ton couftel pmy le goufier qui tiēt a la lägue x fais bne
fente et boute ou fourchier de quoy nous tauös ple cy deuät\puis oste ler
étoires q̃ aucüs appellēt ler neur du cerfz ler étoires söt bne haulte char
qui eft ou couste du col et ioinct es efpaules\enfire au trauers celle char
ioignant de lefpaule et fay bng ptuis en icelle a bouter ton doit et si la
foulieue d̄ ton doyt et couppe au long du col celle char· enuirö plain pie d̄
long et fay bng ptuis et metz au fourcher Et aussi feras tu de lautre pt
puis prē le pie du cerfz dauät deftre du cerfz et le enfire tout au trauers
du couste du cerfz au long de lefpaule p deuers le couste et oste lefpaule
et aussi osteras tu lefpaule de lautre part Puis oste la foubz gorge ceft
bne char qui eft de puis le bout de la hampe par deffus la gorge encile
doncques par le bout de la hampe tout au trauars du col iufques au iar
gel et garde que tu ne le couppes et couppe celle char au long et du lar
ge et si que le iargel demeure tout defcouuert et en couppe enuirö plain
pie et fay bne fente et metz ou fourcher le iargel eft appelle goufiier de
ceulx q̃ ne font mie teneurs aps met tö couftel enuirö dmy pie d̄ la hä

pe en tenãt a ſes coys le iargel et larbiere et enciſe tout entour le iargel
et lerbiere ſans coupper pour les deſcharnes puis les laiſſent aller Itẽ
il te cõuiẽt leuer la chãpe met ton coutel plain pouſſe ſur le bout de la chã
pe par deuers le col enciſe la chãpe en tenãt vers le ventre et la fay eſtroi
cte tant cõme les choſes cõtiennẽt en eſlargiſſant ſur le ventre droit a la
cuiſſe en couppãt au ras de la cuiſſe iuſques au deſſoubz du penillier qui
eſt dit le ventre et ne la couppe mye ains la deſcarnez au coutel et la re
braſſier car elle ſera oſtee auecqs les nobles Et quant tu auras couppe
la char du ventre tout entour ſi la reuerſe ſur la chãpe puis tire a toy la
pẽce et la bouelle et larbiere ſen biãdra auec la pence puis oſte vne cuiſ
ſe de greſſe qui eſt appellee folie et louſte auecques laultre greſſe que tu
trouueras es boyaulx ſi les meſle et aſſemble tout enſemble Et quant
ce ſera oſte couppe vne trype de char qui eſt tout attrauers le corps ſoubz
le quel auras des coſtes et tire a toy le cueur et les entrailles Et auec
ques ſen biãdra le iargel puis couppe la chãpe et ſes coſtes tout dũg co
ſte et la reuerche de lautre pt ſi ſe briſera p les ioinctes q̃ ſont en couſte r
ſe te mõſtrera cõmãt tu le verras vne aultrffoys cavelle ſe doit leuer p
la ioitez or te fault leuer le collier ceſt vne char q̃ eſt dinouree etre la chã

pꝛ et les espaulles et vient tout entour par deſſus loꝛ du long dꝛ la chã
pꝛ ſur le iargel et ſe metras tu en fourcle ·Oꝛ te fault leuer les nõbꝛes
ceſt bne chaꝛ et bne greſſe auecq̃s les rougnõs qui eſt par dedãs endꝛoit
les longes pꝛen les deuꝛ cuiſſes dung couſte et daultre et tourne tõ cou
ſtel tout entour par deſſoubꝛ la cuiſſe et ba couppant tout au long p deſ
ſoubꝛ les longues ſi que les oꝛ dꝛ leſchine dꝛmeurent tous deſcouuers
par dedãs Et oſter le ſang qui ne tenuiſe gardꝛ qui tõbe deſſus le cuir oꝛ
te fault leuer les cuiſſes pꝛen les deuꝛ iambes dꝛ dꝛrriere et lez cropſe lu
ne ſur lautre puis lez ſoulle cõtre terre puis couppe ꝛ dꝛſcharne la chaꝛ
des coſtes qui tiẽt au cuiſſes Sy cõme les cuiſſes ſe cõpoꝛtent et couppe
tout iuſques a leſchine dung coſte et daultre et fens a ton couſtel la ioin
te dꝛ leſchine qui eſt endꝛoit ta couppe tout a trauaꝛs ceſt aſſauoir leſchi
ne et tout Oꝛ tẽ fault leuer le col dauecques le coſtes couppe le col tout
entour ras a ras des eſpaules par le bout dꝛ la chãpꝛ et ſay tenir a bng
homme les coſtes et tourne le col afoꝛce ſi rõpꝛras dauecq̃s les couſtes
Oꝛ te fault leuer leſchine met les coſtes ſur le bout et en ciſe dꝛ ton couſ
tel tout au long dꝛ leſchine dung couſte et daultre et la ſay eſtroyte q̃ ny
ayeꝛ q̃ les neuꝛ dꝛ leſchine entre deuꝛ feuſtes Puis couppe p my la fen
te os et tout dung couſte et daultre tout au long et q̃ les coſtes ſentretiẽ
nẽt a los du bout dꝛ la chãpꝛ quãt leſchine en ſera hoꝛs Oꝛ te fault leuer
la queue met les cuiſſes dung cerfꝛ cõtre terre iointes lune a lautre ſiq̃
la queue du cerfꝛ ſoit cõtremõt puis affoꝛcle les deuꝛ iãbes du cerfꝛ par
dꝛuers la queue et met ton couſtel au bout dꝛ la cuiſſe et enciſe en benãt
par deſſus le cul et ſay dũg coſte cõme daultre Et ſil a bõne benoiſon ſil
la couppe plus large et la ſay eſpeſſe dꝛ chaꝛ ſoubꝛ la greſſe et laiſſe bng
peu dꝛ los coꝛbin auecques Sy ſera bng peu plus ferme Oꝛ te fault le
uer les cuiſſes dauecques los coꝛbin ſi eſt los ou la becie eſt met dauec
ques les cuiſſes contre terre dicelle partie dont tu oſtas la queue et re
uercler bien les cuiſſes et tu berras deuꝛ groſſes iointes dꝛ lune partie
et dꝛ laultre dꝛ loꝛ coꝛbin ſi couppe ſur les iointes et les reuerſe et bou
te ton coſtel par my et couppe dũg couſte et daultre tout au long de
lotꝛ coꝛbin les plus pꝛes des oſtꝛ que tu le pouꝛras faire ·Oꝛ te

fault oftez la tefte du cerfz dauecqs le col coppe le col bien pres des ioue
es de la tefte tout en tour et tu trouueras une ioicte fi boute ton couftel
par my et couppe les nerfz derriere fi fay bien tenir lũg a laultre et foit
puis la tefte torce et fe remiẽdra puis prẽ la tefte du cerfz et met appart
pour faire les drois a ton limier Sy cõme il te fera deuifé fi apres·
¶ Cy deuife cõmant on doyt faire la curee aux chiens pour les cerfz

Apretis demãde cõmant on doit faire la curce au chiẽs Mo
dus refpond pren le foye du cerfz le poulmon et le iargel et le
cueur et foit defcoupe par morceaulx fur le cuir et fur le fang
qui eft fur le cuir et fay effondrer la pence et buider Et trefbien lauer a
puis defcoupper fur le cuir auecqs les aultres chofes et foit la bouelle
gardee a par puis prenes dung pain et foit defcoupper par morceaux
et quil ait plus pain que chat puis foit foubleue le cuir hault aux mais
dung chafcuns cofte et foit mefle en femble es mains la char a le pain
dedans le cuir et quant tout fera bien mefle fi foit eftandu le cuir a ter
re et foit fe dedant efparti fur le cuir puis doit on laiffe

Aller les chiẽs manger fur le cuir la curee et quãt il lez auros prefque
menge Celluy qui tiendra la bouelle qui doit eftre long au giet dune pi

erre doit leuer la bouelle entre ſes mains et crier a longue a lamue lau
lau et en doit chaſſier les chiens de la cure pour les faire aller a celluy q̃
tiẽt la bouelle Et quãt ilz ſont venus a celluy qui tiẽt la bouelle et ilz la
doit gecter ẽmy eulx et tant cõme ilz la mẽgeront on doit oſter le cuir du
cerfz et retien que en quelque lieu que tu as prins le cerfz il eſt bõne cly
ſe de faire la curee a tes chiens ſilz ne ſont trop loing de ou ilz doinẽt ge
ſir Et garde quilz boiuent bonne aigue et nede apres ce quilz aient bõ
ne letiere de bonne paille qui ſoit blanche·

⁋ Cy deuiſe commant on fait le droit au limier de la teſte du cerfz et cõ
mant on doit baudir·

Apretis demãde cõmãt en fait le droit au limier Modus reſ
pond Quant la curee au chiẽs eſt decouppee on doit rabaiſſier
le cuir deſſus et couurir tant quon ait fait au limier ſon droit
puis doit le varlet qui maine le limier prendre la teſte du cerfz et la doit
porter a ſon limier qui doit eſtre eſtacky a ſon lien au loing du giet dung
palet Et quãt il eſt venu a luy il doit la teſte reuercer ſur les endoilliers
les ioues de la teſte contremont et la doit tenir contre terre fort et ſe tirer
a ſon limier et tãt cõme il tirera il doit parler a luy ainſi cõme il ſenſuit
du cerfz et doit dire p cy dres le cy aller et le doit bien baudir et ſil tire
entour les ioues de la teſte et quãt il aura aſſes tire longuemẽt et q̃l ne
ſera gueres demoure de la char contre les ioues lon luy doit oſter la te
ſte et doit on faire menger aux chiens leur curee Sy cõme auons deui
ſe par deuãt ou chappitre deuant ceſtuy Item le varlet qui mainne le li
mier doit garder de la curee pour dõner a ſon limier car il ne doit point
menger en la curee auecques les aultres chiens Or tay ie dit et deuiſe
le vij· chappitre de venerie et commant il les ait ordonnes

⁋ Cy deuiſe de la malice des cerfz et q̃l font quãt on les chaſſe

Apretis demãde p q̃lque boye et cõmãt lez cerfz ſont ſy malicieux
q̃lz trouuẽt tãt de malice en fuiãt pour eulx garder et garãtir· Et
commant les chiens ſont ſy ſaiges qui deffont toutes les ruſees quilz
fait et ne les chãgerõt pour nulles aultres beſtes Mod⁹ reſpond la de
mãd q̃ fait mauez neſt mie a moy a reſpõdre car elle eſt hors d̃ mez terme

mais racio la vous fera a qui elle appartiēt a faire adonc dit racio quāt
dieu noſtre ſeigneur et noſtre createur fiſt ℟ ordōna le mōde il crea deux
manieres de beſtes Les vnes quil appella beſte humaines et les aul
tres furent appelles beſtes mues ℟ dictez mues pource quilz nont point
de congnoiſſance du createur et quāt beſtes mue meurt ſon ame eſt mor
te Mais lame des beſtes humaines ne peult mourir et dieu noſtre ſei
gneur ayme tāt beſte humainez qui luy donna celle liberte·Et pource
feuſmes no⁹ enuoye modus et moy de dieu le pere ſa deſſus Pour le gou
uernemēt humain Et nous dōna tel pouoir que ſe beſtes humaines no⁹
vouloient croire nulz nyroit ne ne feuſt aller en enfer Mais fuſſent to⁹
ales en paradis en gloire pardurable auecęs le createur tel pouoir no⁹
donna dieu Et encores nous donna tel pouoir que beſtes humaines no⁹
euſſe vouleu croire ilz euſſent fait les mors reuenir et enluminer les a
ueugles ℟ fait les montaignes ballees Mais pource que dieu leur dō
na celle liberte q̄ ie ne les puis cōtraidre a moy croyre pource ſont mys
en la ſubiection de la chair du dyable et du mōde et tout laiſſe ma doctri
ne pour quoy ilz ſont aueugles et ont perdu la vertu des cens de nature
pour celle cauſe tellement que les beſtes mues ont plus de parfectiō en
cas que nont les humains et ſe ſera proue en declarant la demande que
maz faicte Quant noſtre ſeigneur crea adam qui fut la premiere beſte
humaine il luy donna les cinq cens de nature Et en toutes aultres cho
ſes plus de perfection quil ne fiſt a nulle aultre beſte et menuoya auec
ques luy pour ſon gouuernemēt Mais il ne voult mye tenir ma doctri
ne pourquoy il pardit la gregneur partie de toutes les graces que dieu
luy auoit faictes et en tel maniere quil obliga toutes les ames des aul
tres beſtes humaines daler en enfer et pource demoura au beſtes mues
grigneur pfectiō q̄ aux ſens de nature q̄l ne fiſt es humaines et pour cel
le cauſe a tu merueille du ſens q̄ lez beſtez ont q̄ tu neuſſes ſe adā meuſt
creu Les ciq ſens de nature ſont tieulx oir veoir ſantir gouter habiter
Or regarde ſe hōme a autāt de pfectiō en to⁹ ſes fais cōme ont les beſ
tes Eſt il hōme q̄ oye ſi cler q̄ fait le ſangler ou la taupe eſt il hōe q̄ voye
ſi cler cōe fait vne beſte q̄ eſt appellee luis q̄ voit pmy vne pois d iiij·piedz

Est il homme qui ait le tast sil subttil cōme liraigne qui sent le cop auant
que le cop luy touche Et cōbien que iaye declare les cinq cens sur b·be
stes a plus vertus es cinq cens et plus de pfectiō es chiēs et es cerfz
que nont les hōmes Sy vous deuiseray les graces de nature que dieu
a donne es cerfz Le cerfz de sa cōplecion est la plus coarde beste de tou/
tes les bestes que dieu creast oncques Et ence pourueu dieu et nature
qui midrent en my son cueur vng osset qui luy donne force et hardimēt
et se ne fust ilz morust de paour dauant les chiens et celluy osset nest te
nu au cueur de nulle beste forz que a celluy du cerfz Item il luy dōna cor
nes pour luy deffendre et si luy donna sans et malice plus que hōme ne
pouroit penser pour legarētir de sabie en fināt et luy dōna goust decōg/
noistre se qui luy pouroit nuire qnāt aubwire ᴂ au māgier Itē il luy dōna
cens deslonier sabie quāt il est trop biel toutes ses vertus luy dōna dieu
¶ Cy deuise les proprietes qui les cerfs ont en eulx·

Aprantis demande quel sens et quelles propriete il dōna aux
chiens Racio respond pource que chiēs sont proprement fais
pour seruir lōme et que sefont beste cōtaites ilz nōt mie le sens
de goust car ilz māgent biē ce quil leur nuit mais ilz ont sens de trouuer
leur medicine et mēgēt vne herbe qui leur fait gecter tout ce quil ont au
corps quil leur nuit Chien a moult de paine pour seruir son maistre car il
veille toute la nuit et abaie en tout lostel de son maistre pour le garder ᴂ
aime tāt son maistre quil le offendroit qui luy wouldroit faire mal et ce a
este veu moult de fois Chiē a le sens de sentir tellemēt que quant il chasse
le cerf ou aultre bestes telle cōme sō maistre veult quil chace a tāt de mal
lice la beste quil chace ne saura faire que le chiē ne defface et quil ne le w
ise prandre parmy les aultres bestes sans le chāger et si a les boute du
cueur de grant vertus car se chien est en raige mais quil soit hors de son
angoisse se son maistre luy dist buide mon hostel et garde que iamais tu
ny meffaces riens il sen pra tantost san mal faire de lostel deson maistre
Et encores a vne boute de cueur que se son maistre la tres biē batu et il
le Rappelle que le chiē ne viegne a luy et luy fera ioye Hōme or regar
de cōme par ta deffaulte doye dire que chien qui est beste Reprouuee ait

plus de cens de honte que tu nas Se aulcun tauoyt dicte bne petite pa/
rolle qui te fust desplaisant tu ne luy bouldroye pdonner pour chose quilz
te fist tu es plus en raige qui nest le chien a qui son maistre done conge
et il le prent sans meffaire et fait ce que son maistre luy dist Recorde toy
de dieu nostre seigneur qui pardona sa mort et aussi de la grant amour
et des grans hontes quil ta faictes Et se tu les a bien au cueur tu tendi
ras ma doctrine et tien ferment que dieu ne dona tant de pouoir q tous
les biens terriens et celestiaulx que ie puisse doner qui croit ma doctri/
ne Explicit la chasse du cerfz·

¶ Coment on doit prendre la biche a force de chiens·

Ous auons deuise et monstre coment on prent le cerfz a force
de chiens et coment le mestier de benerie est ordonne tant en p
olles come en fait lesquelles choses bous ont este pronnoncee
en xij chappitres Et pource quon doit bng peu prandre a force aulcunez
aultres bestes comme biches dains cheureulx lieures ou il nya point de
science de benerie ne de iugemet bray nen sont ilz mye mise en mestier
ne en la science de benerie ·Mais touteffoys sont ilz mises ou comptes
des bestes rouges qui sont dites bestes doulces esquelles on a de bos
desduis en plusieurs manieres ·Sy deuiserons coment on les doit cha
cier pour prandre a force Sy bous dprons premierement de la biche ilz
sont deux manieres de biches Les bnes qui portent faons les aultrez
qui nen portent point celles qui nen portent point sont appelles brahai
gnes et sont celles qui plus grasses comunement et qui ont milleure
benoison·Et la saison ou elles sont milleures cest en puer entre la touf
saint et la saint andrieu quilz prenet gresse de la faine et du glan mais
celle qui est milleure a prandre a force et ou il ya milleure desduit cest cel
le qui porte faon pour quatre cause La premiere est pour le temps qui
est chault ou moys de may ou de iung quilz ont leurs faons La secode
pource que quant son faon est grat quil peult suiure sa mere elle tourne
a demeure souuet et ne lose laissier pourquoy on a milleure deduit et quat
il est petit et foyble et quil ne peult suiure sa mere elle fiert du pie en ter
re et le fait coucher et buyde le pays et esloingne son faon   ti·

que les chiens ne le treuuent ¶La tierce cauſe ſi eſt que biche q̃ a ſon faõ
et celle eſt en pais ou elle naye point de doubte dez loups ne dez chiẽs ne
daultres beſtes Et ou pais ou elle eſt a bonnes viendes et doulces pour
quoy ilz aduient ſouuent quilz ſont plus graſſes ou temps quilz ont fa=
on que ne ſont les aultres et ſi ſont toutes aultres beſtes qui ont faon q̃
en tel pais demeurent Et pour celle cauſe eſt la milleure a deſconfire q̃
l abrahaigne tãt pour la reſponce q̃lle a prins cõme pour la greſſe ¶La
quarte cauſe eſt que on ne peult cõgnoiſtre biche brahaigne ſe neſt a la
ueoir qui eſt faulx iugemẽt Car ſe elle eſt brune de poil et roudete et ſeul
le et ſans faon par auanture lont les loups ou les gouppis menge don
ques ſe tu treuue biche qui ait faon meſt paine de la deſtourner du limi
er et y laiſſe courre les chiens·

¶Cy dit ſe les chiens du cerf vauldront moins de courre les biches·

Aprantis demande ſe ie laiſſe courre mes chiens aux biches
en la ſaiſon quon doit chaſſier le cerf nen vauldront ilz pas
mois pour le chaſſier Mod⁹ reſpõd il eſt trops maniec de chiẽs
ſaiges qui ſont appelles beaulx les aultres forbeaulx les aultres beaux
rectis ſi te declareray ſes troys condicions\chiens

qui font beaulx doiuent chaffier toutes beftes qui leurs font bailles du
limier iufques a la mozt Et fe la befte fuit auecques le change ilz chaf
fent toufiours et ne le changēt point Le fort beaux chaffe en bis aultre
befte que cerfz et fe la befte qui chaffe fuit auecques le change il pourfuit
fans crier tant quelle foit repartie du change Le beaux reftif eft tel q̃lz
ne chaffe point aultre befte que cerfz Et quāt il fuit auec le change ilz de
meure tout quoy fans chacier et va apres les cheuaulx et ne copiffe les
chemins et les carre fours des voyes et toutes les manieres de chiens
a le chiens bault la milleure tache car il fcet bien quāt il chaffe le dzoit
pourquoy quāt on le doit chaffier ou fourcheu deffus et eft pourfui de chiez
et de gens Et quant fon dzoit fe depit dauec le change et ilz fe deftourne
et laiffe le change a chaffier Et tieux chiens faiges qui font des beaulx
ne peuuent empirer de courre nulle befte mais quelle leur foit baillee du
limier Et fe tu la treuue fans limier fi ne dois tu pas laiffier courre tes
chiens que tu ne drasse de ton limier tant quelle foit au fozt\puis atache
ton limier et laiffe courre tes chiens puis les chaffe en la maniere que
nous lauonz deuifec comme on chaffe le cerfz Et auffi doit eftre efcozchee
et deffaite en la maniere que nous auons dit du cerfz fozs que en tellez
beftes commes biches dains cheureulx on ne doit leuer queue ne pare-
mēt ne entire filz nont bonne venoifon mais ilz doiuent eftre ainfi efcoz
chees et les membres leues en la maniere Explicit la chaffe de la biche
¶ Cy deuife la maniere et propziete des dains et cōmant on les prāt
a fozce de chiens et la faifon en quoy ilz ballent mieulx.

O R deuiferons apzes la nature des dains et cōment on le prāt
a fozce de chies Dains font de telle nature quil ne demeurēt
point voulentiers ou pais ou les cerfz demeurent et fe tiennēt
voulentiers enfemble par grandes compaignies et eft vne belle befte
et bien plaifant quant elle eft en cueur de faifon Et la faifon ou il a mil-
leur venoifon ceft de puis la my Jung iufques a la my feptembze En
dains na nul iugement par le pie ne par les fumees ne p le lit ne p nul
aultre figne dais demeurēt voulētiers en fec pais et es haultez fozeft et
c ij

ne fee partent mie voulentiers denfenble tant que le chault et les mou
ches les fot efpartir et vont demouret e pais couuets cōme e pais fou
gicre ou en tel pais et qui veult laiffier courre a dai il fault quil le treu
ue attengier ou pais ou ilz demeurent. Et fi on treuue de grans dains
en famble ou ij ou iij mais quilz foient grans dains laiffe courre hardi
mant tes chiens mais quilz foient dreffes du limier ainfi cōme nous ta
uous deuife Car on prant dains a force de mains de chiēs que on ne fait
vng cerf pour ·v·caules La premiere eft quil ne fuit pas longuemant
cōme vng cerf. La feconde pource quilz le chaffent de plus pres et po
urce quilz ne folenge pas tant cōme le cerf. La tierce pource quil fe de
meure fouuant a leur renouuelle. La quarte ilz aymēt mieulx la char
du dains a mangier que du cerf. La quinte quilz fentent mieulx du
dain par ou il paffe que du cerf Le iugemēt auquel on iuge grāt dain
ceft par la tefte qui le voit a lueil dains font greigneurs plus les vngs
que les aultres. Mais celluy qui a la plus haulte tefte et la plus lon
gue paulmee et la plus large ceft cel

luy qui est tenu le plus grant dain Qui veult chassier dain y ny fault
point relaissier comme au cerfz · Et fault que les chiens soient saiges et
moyns roydes pour deux causes La premiere pource quil fuyt voulen
tiers a la compaignie des aultres dains La seconde pource quil se de-
meure voulentiers dauant les chiens quant ilz chassent et pource se les
chiens estoient trop roydes ilz emprendroient trop auant si en seroiet
plus fort a retourner ens Et le chassent en la maniere que ie vous ay
deuisez du cerfz ·

Apzentis demãde se on deffait le dain en la maniere quon def
fait le cerfz Modus respond toutes les choses qui sont ordon
nees par moy en la chasse du cerfz sont gardees en la chasse du
dain excepte troys chses estre destourner du limier laisser courre sans
le veoir relaissier chiens aultres que ceulx qui le chassent · Explicit la
chasse des dains ·

La chace du escureul a prandre a force ·

Apzantis demãde comment on laisse courre au che
ureul et commant on le doyt chassier pour le mieus et pour

le prendre a force·Modus respond cheureul est vne petite beste qui na
mpe le corps plus grant que vng moton Mais est plus hault sur pies
et du poil dung cerfz et de telle facon et a les cornes petites et na que
de bi·a biij·cornes et na nulz ondilliers empres la teste cheureul est
de telle nature quil ne demeure pas voulētiers en pais ou il ait formis
car il a la char si sencible quil buide le pais ou les formis demeurēt Et
aussi hait a demourer en pais terreux et demeure voulentirs en hault
pais scet et si bit des bourgeons des espines des rousses Et la saison ou
Jl a meilleur venoison cest depuis la my may iusques a la my iung et
de ceste beste parle auicene en vng chappitre ou il parle des chars q̄ son
sauues au soir a corps dōme et dit q̄ char de cheureul debois cest la char
de toute les bestes qui soient les plus saine a corps dōme et la plus neu
tritiue et tāt est plus chacie et tant mieulx bault la char En cheureul na
nul iugemēt d̄ soy Recognoistre sil est biel ou ieune ou masse ou femeile
qui ne le voit a lueil Et pource q̄l veult laissier courre a cheureul le fault
querre a rōgier lez cleres fontaines ou pais ou ilz demeurēt Et silz sont
en pais quon ne peult veoir au saillir on doit laisse aller deux chies pour
le querre et silz la cueillent a chassier on doit aller au deuant pour veoir
quilz chassent Et son le voit on doit laisse courre les chiens dessus des pl⁹
saiges et des mains roptdes car cheureulx fuit vng randon et puis se de
meurent comme vng connil et pource il est fort a prendre en pais ou il
y a foyson de bestes rouges Sy te diray comment tu le chasseras·Che
ureul doit estre chassie aprendre a force de peu de chiens et doit on tousio
urs aller au deuāt de ses chiens pour troys causez La premiere est pour
veoir silz chassent le cheureul La seconde pour relaissier deux ou troys
chiens ou reprendre ceulx qui les chassent La tierce se tu voys quil ne
chassent le cheureul et quil chassent aultre beste met peine de reprendre
de tes chiens le plus que tu pourras de ceulx qui chasseront le change les
se les eslongner si loing de toy que les puisse oyr puis te retray ou pais
ou il te fut aduis que les chiens acueillent le cheureul et le laisse aller
deux ou troys ou quatre des plus saiges chiens que tu ayes Et les

requiers pais en tournoyāt bien a loisir et tu les trouueras par celle
wpe Et se tu fais en celle maniere tu le prandras a force Cheureul est
escorche et deffait ainsi côme vng cerfz Explicit la chasse du cheureul

¶ Cy deuise commēt on prent le lieure a force de chiens a courre·

L Aprentis demāde côment on chasse le lieure pour le prendre
a force de chiens ·Modus respond len chasse le lieure pour le
prandre a force ou moys de mars et dauril pour quatre cause
La premiere si est pource que en ces deux moys lieures sont plus foy/
bles quilz ne sont en toute la saison pource quil sont prais et aussi sont
plains de bles quilz biendent La secōde cause si est pource q en ce tēps
lieures gisent aux champs pour la cause des bles tendre et que les rou
sees ne leur font mie tant de mal comme quāt les bles sont grigneurs
La tierce cause est que en ce temps on les quiert voulētiers aux chāps
pour les chassier pource que on les y treuue voulentiers et si les voyt on
quant les chiens les treuuent et se ne fait on mye en boys La quarte
cause si est quant on peult mieulx duire ses chiens et aprendre bonnes

Sarcles pour prendre le cerfz et toutes bestes que daller chasser lieure
en la chāpaigne Sy cōme ilz vous sera deuise si apres especiallemēt ieu
nes chiens qui oncq̃s ne chassent Qui veult chacier lieure pour le pren
dre aforce on doit estre deux ou trops a cheual et doit on querir le lieure
en vne belle chāpaigne plaine a doyuent auoir ceulx q̃ sont a cheual cha
scun vne bien longue parche en la main et doiuent renger les chiens et
querir le lieure et laisser aller chiens et silz assentēt du lieure aulcunes
foys aduient silz absentēt baudemēt et en la maniere que vng cerfz fuit
fuit la lieure et en ceste maniere doit estre chasse Sy vous dirons cōme
en celle chasse on peult donner bon affectemēt et bōnes chasses a les chi
ens ieunes qui oncques ne chasserent il aduient quāt les chiēs souuēt
sont en vne requeste et il y a ieunes chiens qui se transportent moult p
leur roydeur et par leur ieunesse et courent toushours dauāt eulx sans
riens a sentir quant on fourchene sur les saiges chiens ilz ne veullent
reuenir ne retraire et aulcuneffoys querent sus a montōs et a bestes et
pour ces causes sont ordonnes ceulx a cheual a tout leur lōgues verges
pour frapper desperons au deuant pour les bastre fuster et faire retraire
tous les chiens et celluy qui fourchene et silz preignent motons ou aul
tres bestes de les bastre tresbiens et mectre en crainte et aussi pour cou
re le lieure en la champaigne peult donner alaine a les chiens et bō af/
fectement a eulx Explicit la chasse du lieure·
❡ Cy deuise la venerie des sangliers et cōment on les prent aforce·
Ussi comme nous auons deuise de la venerie a des chasses du
cerfz et des rouges bestes comme on les chasse et prent a for/
ce Aussi vous deuiserōs de la chasse du sanglier et des aultres
bestes qui ne sont mye nommees doulces bestes a comment on les prēt
a force de chiens Premierement en la vennerie du sanglier a chappitre
Le premier est comme tu doys parler de la venerie du sanglier Et des
noires bestes Le second commēt tu cōgnoistras le sanglier de la tome
Et a quieulx signes tu congnoistras sil est viel sanglier ou ieune Le ti
ers comment tu pras enqueste pour encontrer du sanglier ou des noy/
res bestes la quarte comment tu le destourneraz Le cinquieme cōmēt

tu le trouueras ¶Le bi·comment tu le chasseras ¶Le vij·comēt tu le tu
ras ¶Le biij·coment tu lespiceras ¶Le ix· commēt tu feras fauoi aux
chiens·

¶ Cy deuiſe cōment on doit parler de tenerie de ſanglier et de beſtes
noyres·

Aprentis demāde cōment on doit parler de tenerie du ſangli
er et des beſtes qui ſont dictes noyres ꝂModus reſpōd les fiē
tes que les beſtes noyres laiſſent ſont appellees laies qui ſont
dictes fumes en la tenerie du cerfz et ſe q̄ eſt diſt en la tenerie des doul
ces beſtes biendes eſt dit es noyres beſtes mengier ce qui eſt dit es doul
ces beſtes ſouraller eſt dit es noyres beſtes baſſier ſe qui eſt appellé tei
te de cerfz eſt dit es noyres beſtes hure de ſanglier Se tu as deſtournes
grant ſanglier et biel et on te demāde quel ſanglier tu as deſtourne tu
doys dire que ceſt ſanglier entiers an et non plus ainſi cōme on dit du
cerfz quon a en cōtre on ne doit point iuger par les traſſes quil ne doiēt
porter plus de dix cors Et ſon te demāde en quel tēps ſanglier ont meil
leure tenoiſon tu dois dire que la ſaiſon des ſangliers cōmence depuis
la premiere ſaint michiel iuſques a la ſaint martin diuer Et ſe on te de
mande ou les beſtes noyres ont mengier ſaiches quil eſt troys manie
res de mengiers ¶La premiere ſi eſt quāt les beſtes noyres ont remue
la fenille ſoubz les cheſnes ou ſoubz les folz pour querre le grain ou la
faine ilz eſt propremēt appellé mengier ¶L aultre maniere de mengier
ou le ſanglier et les beſtes noyres vont mengier eſt appellé vermel ceſt
adire quant les dictes beſtes ont boutes et renuarſee la terre quil men
guent ¶La tierce maniere de dire eſt quant on dit quilz ont eſte aux fen
ges ceſt quant les beſtes ont fait grant foſſes et ont foui bien par ſont
en terre pour auoir vne racine qui eſt appellee fenges ainſi par diuerz
motz ſont appelles les mengiers des beſtes noyres·

Aprentis demande cōment on congnoiſt grant ſanglier et
a quel ſigne ſans le voir a lueil et le ieune pric de la tome Mo
dus reſpōd on congnoiſt grant ſanglier du ieune et le ieune
de la tome a troys ſignes ¶Le premier ſi eſt par les traſſes ¶Le ſecōd

par le lit et le tiers est au fenil Qui veult sanglier congnoistre par les
trasses pour iugiez selon le mestier de vennerie le sanglier ou tiers an
marche myeulx que le ieune pour partir de compaignie et le ieune porc mi
eulx que la tome et la tome sauuaige marche mieulx que le porc priue le
porc priue a plus courtes trasses et plus estroicte solles et plus court ta
lon et les ostes du pie ne sont mie si long ne si agues ne si large comme
celluy de la tome sauuaige veez la les differans et si ne sont mie si tran
chant et aussi nait mie comunemet pigas es trasses du porc priue com
me il a ces trasses du sanglier Et par ceste maniere la tome sauuaige
ne marche mie si bien come fait le ieune porc sauuaige car elle na mie si
large ostes ne si longs ne si longues trasses Et celle differace mesmes
est entre le grant sanglier et le ieune Sy vous dirons coment le grant
sanglier doit marcher\grant sanglier doit auoir les trasses logues pres/
ques autant qun cerf; bien marchant Et na mie si gros talon ne si rot
ne si loing Mais il a solle du pie pres de aussi large il fait la pigace da
uant et darriere il a lespinche du pie large et ronde les ostez du pie ape
sans par tout ou il marche ilsont larges et long lung de laultre de plai
espergue delle Ilz sont long tranchas et aguz et si tu les treuues ainsi
marchant tu peulx bien dire quil est sanglier en tiers an et quil est san
glier viel

¶ Cy deuise coment on congnoist grant sanglier par le lit·

Aprentis demande coment on cognoist grant sanglier par le
lit Modus respond si tu viens au lit du sanglier et tu le treu
ue long parfont et large se sont signes quil est grant sanglier
Mais que le lit soit nouuel Et quil naye ieu que vne foys Et se le lit est
parfont et sans litiere et que le sanglier gise pres de la terre cest signe
quil ait bonne venoison·

¶ Cy coment on cognoist grant sanglier par son fueil·

Aprentiz demade coment on iuge grant sanglier par le fueil
Modus respond il aduient comunement quant vng sanglier
aprins gresse et le temps est bel et sec et il a vng peu gelle et
le sanglier vient de mengier et viet au fueil et se voute dedans et se tou

eille parmy le fueil en la toue et puis au partir du fueil il ba a vng ar
bze p̃s dilec et se frote a larbze Sy poues ycy veoir troys signes a quoy
vous poues iuger sil est grant sanglier · Le premier signe si est que au
fueil a lentree et a lisseue peult lon bien veoir et aparceuoir la fontaine
du corps et le long en la toue Le tiers si est que au partir du fueil sil
cest frote a vng arbze qui soit gros si quil ne le puisse auoir ploye et lar
bze soit bien hault emboue du fueil de quatre piez de hault ou enuiron
se sont signes a quoy tu peutz bien iugier a congnoistre sil est grant san
glier ou non

Apzentis demande coment on doit aller en q̃ste poir sanglier
Modus respond orte diray toute la maniere de la queste q̃ tu
dois faire pour encontrer le sanglier au comancemēt de la sai
son quil y a encores es champs des demourans dés pois des auoines
des vesses ou les sangliers vont mengier la doit tu aller pour encontrer
le sanglier Et quant il nest riens demoures aux champs les sangliers
vont menger les pōmes sil y a pōme au boys et la dois tu ales en queste
Item quant leglan et la faine tonbent des arbze la te fault aler en que'
ste en pais ou il y a glā ou faine car cest ce que les bestes noires mēguēt
plus voulētiers Et aussi vont voulētiers aux senges en pais ou ilz sont
bonnes et si encontrent len volentiers le senglier au fueil cōme dit vous
auons ailleurs·

Apzētis demāde coment on doit detourner le sāgler Modus
repont sanglier demeure aucune fois es haulte fustaies aul'
cune fois en fort et pourtce taprandrōt que se tu suis dung san
glier et tu le boutes hors et quil sen voise de ton limier ne te soucie il nira
mie loing et cest ton ay aprouchier Et alors ne pour suy mie mais gecte
ta brisee et ten va alasemblee en quel que lieu que tu rancontres le san
glier et que se soit chose qui te plaise fay suiure tō limier et se le sanglier
se destourne en fort pais ou alieurs ou il ne doient demourer gecte vne
brisee et te retray et prā vne ensante tout au tour et va de voie en voie tō
limier de bant toy au plus pzes que tu pourras Et se tu as fait vng tour

fay an encores vng aultre affin que ton limier ne laye trôpe retien que
le sanglier a tan que tu le destourne de plus pres quon ne fait le cerfz·
Oz aduient aulcuneffoys que tu pzas enqueste et en haultes sustapes
et ne pourras veoir quelle beste aurôs mégé pour la fueille ou pzs pri
ues ou bestez noires si te ditons côment tu le sauras Quât les pzs pri
ues vont menger et vont mégec et reuerssant la fueille il tournêt puis
sa a puis la et ne sont pas rasures parsondes et les bestes noires vôt
mengent et reuarssant dzoit dauant eulx Et sont leurs rasures plus lô
ges plus parfondes et plus dzoictes que celles des pzs priues Et par
especial celles du sanglier sont plus larges que ne sont celles des aul
tres bestes et va plus longuemêt mengant et reuarssant Et se tu treu
ues telles mengees poursuit de ton limier tant que tu voyes de quoy tu
suiz et se cest chose qui te plaise poursuit iusques au fort et gecte vne bzi
se et le destourne côme nous tauons dit dauant Se tu bas es fors ou
les foustapes sont et tu encontre le sanglier fay si côme nous tauôs dit
dauant et pzen garde tousiours que ton limier suiue de bône erre a ce
verras tu sil aymace sainte et se tu treuue les layes a elles sont biê nou
uelles et bien grosses cest signe quilz sont de bonnes kerre et quil est
grant sanglier·

¶ Cy deuise côment on doit tourner le sanglier du limier

Apzentis demâde côment on doit tourner le sanglier pour lais
ser courre Modus respond quât les veneurs sont venus de le
urs questes et ilz ont dictes leurs nouuelles a la semblee a se
quilz ont fait et trouue ilz boiuent et menguêt et puis ozdonnent ou lez
thiens du reles pzont et retiennêt de leurs milleurs chies vne partie
de ceulx qui plus voulentiers le chassent et vont laissie courre et celluy q̃
destourne le sanglier va deuant tout les aultres son limier derriere soy
Et quant il biendza a sa bzisee trauarsaine ou le sanglier se destourne
ra et doit mectre son limier dauant soy et le doit suiure Et doit lors fai
re mener les thiens apzes soy et doit pzêdze garde a reuoir de quoy son
chien fuit affin quil ne châge sa suite Et se il fault a sa sinte si le retray

et face bne bien petite ansante et puis bne grigneur Et face tot anisſi
cōme nous auons de biſe pardeuāt en la fiante de tourner le cerf du limi
er Et ſil ſen ba du limier et tu viens au lit dont il ſera parti met ta main
de dãt le lit et ſen ſil eſt chault et ſi tu le treuues chault et nouuelſuy bng
peu plus auant et de tache ton limier et corne pour chiẽs et le laiſſe a ler
et frape des eſperons apres ·Et ſe ainſi eſt que tu ne puiſſes trouuer du
limier laiſſe aler deur ou trop de tes chiẽs de ceulr qui plus woulentiers
le chaſſens et lequiers enpais on tu en auras encontre meilleur erre et
ſil eſt enpais tes chiens le trouueront et ſe tu les entẽs abaier ou groſſi
er leur menee ceſt ſigne quilz auront trouue laiſſe aler les aultres chiẽs
et ilz tireront aulr aultres Et lactendront achacier·

Aprantis demande cmmant on doit chacier le ſanglier Mo
dus reſpōd quāt tu auras trouue le ſanglier et tu auras laiſſe
coure tes chiens cheuaulcle les touſiours de preſt et ſilz ſont
en bne requeſte il ne fault mie traire ariere ſi longuement cōmant il ſa
ult faire a lachace du cerf ou des doulces beſte Car ſāglier ne peult reſſo
ir ſur ſoy longuement pource que les chiens le chacet de plus pres quil
ne font les cerf ·Et auſſi neſt pas ſanglier ſi biſte ne ſi ligier cōme ſont

les doulces bestes Mais fuit en tournāt Et pource se trāsportēt aulcu
nessoys les chiens et passent oultre de leur royœur Et doit on meātre
paine de souuent relaissier ses chiens et quō repraigne de ceulx qui chas+
sent pour relaicier quant on bient au deuant cest se qui tue le sanglier
qui le veult prendre aforce que de relaissier souuent et de tenir les chiēs
pres car ilz en chassent plus voulentier et se tu voys quil ait actendu
les chiens et quil latent abaie bne foys ou œux cest signe quil se com+
mance a desconfire Sy te dpray la maniere que tu doys faire et cōmant
tu dois querir ton aduantaige pour le tuer·

¶ Cy deuise cōmant on doit courre sus au sanglier a le tuer a lespee

Aprentis demande quant le sanglier est prins commant on
doit tuer le sanglier Modus respond quant tu auras grant
piece chasser ton sanglier ·Et tu verras quil sera abaier œux
foys ou troys laisse a chassier apres tes chiens et fier des esperons aude
uant affin que tu le puisse rencontrer et se tu le voys venir sacque ton es+
pee et lappelle Or sa maistre ay bien grant trot de ton cheual contre luy
et quant tu biendras a luy fiers des esperons et assies ton coupt et ne

arrefte point auecques luy car il pouroit blecier toy et tõ cheual Et gar
de bien fil fe fait abaier ou pais dzu de boys et couuert que tu ne luy cou
re mie fus en tel pais ou tu foyes en peril toy et ton cheual dˀeftre bleffie
mais en quelque lieu que tu foyes ⁊ tu le puiffe ʋeoir tenir pour affeoir
ton coup ʋa luy fus hardiment Et fay en la maniere que nous tauons
dit Et fil demeure longuement en foy faifant abaier ou fort ꝮBas les
buiffons de ton efpee ou daultre chofe pres de la ou il fe fait abaier pour
le faire ptir du fort et tu le pourras prendze a force de chiés et le deftour
ne et tues Oꝛ tauons deuife cõment on doit le fanglier prendze et tuer
ꝶ Cy deuife cõme on doit deffaire le fanglier quant il eft prins·

Apzentis demande quant le fanglier eft prins cõment on le
doit deffaire Modus refpond quãt le fanglier eft prins on luy
doit faire ouuzir la gueule ainfois ꝗl foit trop reffroidy et puis
metre ʋng eftaiche qui luy tiengne la gueule ouuerte puis luy coupe
la hure en cefte maniere Enfize la dung coufteaux a trops doys de lo
reille par derriere et coupe tout entour p derriere les ioues puis coup
pe tout au trauars iufques a la ioinde du col puis foit tourne a force d̃
mains et tourfe fi lauras Et puis ofteras les traffes en cefte maniere

pren le deſtre pie dauant et couppe par dauãt pmy la ioincte du genoil
Et quant la ioncte ſera couppee couppe le cuir au loing de la iambe par
deſhoꝛs en deſcendãt vers le coꝛps tant que tu luy facent vne petite fan-
te en celle pel pour la pendꝛe en vne hat quon tiendꝛa en coſte toy · Et
en celle maniere tu oſteras laultre pie derriere et quier vne ioincte qui
eſt entre le iaret et les os du pie et couppe en dꝛoit celle ioincte par deſ-
hoꝛs deuers le iaret Et quant tu biendꝛas oultre p dedãs du cuir en deſ-
cendant vers le coꝛps boute ton couſtel pmy celle pel et met en la chair
et ainſi oſteras laultre pie de laultre part puis fens les deux iabes da-
uant et du bout parmy vng eſtribat ceſt vng baſton denuiron pie et de-
my de long Et ainſi le fait a ceulx de derriere puis boute vne longe p-
che et ſi foꝛte quelle puiſſe le ſanglier ſouſtenir tout au long du coꝛps p
my les quatre iambes Et ſoit poꝛte ſur le feu et fouaille ſur vng coſte a
ſur laultre en telle maniere quil ny demeure point de poil q̃ ne ſoit bꝛul
le au ras du cuir et garde q̃ tu ne le bꝛulles puis ſoit treſbien eſſuy dũg
toꝛchon puis le mectes en enuers ſur le doꝛ et ſay a ton coſtel deux ſan
tes ſur les deux coullons puis fier du tallon vng peu au deſſoubz par
deuers le ventre ſi ſauldꝛont hoꝛs les deux coullons et ſi les tyꝛe a toy

et les fens et les geatz ou feu pour faire le fouail des chiens Jté pren
le deſtre iambon de dauãt et enſize le cuir tout autour de ton couſtel par
endzoit du couſte puis boute ton couſtel entre le cuir et la char ou tu as
enſize ꝛ couppe la char du iambõ bien aual au deſſoubz puis tire le iam
bon a toy en tozdant et fiers du dos dune hache ſur los ſi rompera puis
coppe le iambon et le met contre le ſanglier a terre a lendzoit que tu as
oſté pour tenir et a puier dzoit le ſanglier ſur leſchine et fay ainſi a laul-
tre iambon de laultre part\puis bien a ceulx de derriere et ꝗer vne ioin
te qui eſt en leſtriſte du iambon ceſt au deuãt de la cuiſſe dauãt le corps
du ſanglier et enſize tout entour la cuiſſe en tel endzoit Puis boute tõ
rouſtel entre le cuir et la char et couppe la char bien aual\puis couppe la
ioincte a trauats et couppe la char au loing de loſtz et oſte le iambõ ꞇ le
met a terre contre la feſſe du ſanglier puis fay ainſi de laultre part Jté
fens le cuir ſur la panilliere ceſt a entendze le vit et fens tout entour en
eſcarre de deux dois de chaſcune part Puis pren le bout du vit et le tire
a toy en deſcharnant et quant il ſera tout tire\tire le a vne main et boute
ton coſtel en vne des fentes ou lung des coullons eſtoit et le couppe par
le de dans Oz té fault oſtez le bourdelliet et coppe de puis la gorge dũg
coſte et daultre en tenant par deſſus la poitrine par entre les deux iam
bons dauant Et eſlarge ta couppee en tenantp deſſoubz le ventre dũg
coſte et daultre et reuerſe et couppe les coſtes et les oſtes de la poitrine
et couppe tout au tour par deſſoubz la gorge puis te fault oſter la penſe
et la bouelle et geeter ou feu pour faire la fouail aux chiens puis oſte la
ratelle et lenuelope dune creſſe que tu trouueras et la met ou hardier·
Puis oſteras les noubles tout ainſi quon les oſte dung cerfz et met le
ſang en vng vaſſel pour faire fouaille\puis lieue le ſanglier ſur le ven
tre et lieue leſchine en ceſte maniere metz tes troys doys ſur le bout de
leſchine par deuers le col dzoit ſus le col et enſize dung coſte et daultre
de la largeur de troys doys en alant dzoit a la queue Et quãt tu auras
enſize de ton couſtel iuſques aux coſtes ſi couppe a la hache tout parmy
ton enſiſeure et lieue leſchine ainſi eſt le ſanglier deffait a la guiſe noz
mande\s la maniere et guiſe francoyſe len lieue la queue cõme dung

cerf et si lieuet on bng cellier tout e tour lecol tout a trauers qui a trois
dois de le ou enuiron et se luy collier tient alechine·

Apzantis demande comant on fait le fouail aux chiés Modus
respond pour faire le fouail aux chiens on pzent tont ce qui est
du sangler come le cueur le soie le pourmo toutes les etrailles
et sont mise ou feu et sont bien cuites lapance est buides etgectee au feu
et lauuelle bien batuedung bo leuier et remise au feu Et puis est ostee
et rebatue tant de fois quelle est bien buidee et cuite et la pance aussi Et
quant est cuit on prat du pain selo ce quil ya dechiens et en sont faictes
toutees q sont moullies au sang puis sot gectes sur le brasier Et quant
elles sont bien rousties si soient despecies par pieces Et aussi est decouppe
lachar et les autres choses qui on este cuites au feu Et quat tout est cuit
et decouppe on met tout en senble sur bng mantel ou sur autre chose qui
est sur leuee en auies et ong barlet qui ales manche rebzacees mesle le
fouail pain et char tout ensemble Et quat tout est mesle il est estandu en
une belle place a fait on magier les chiés et q le fouail ne soit mie trop
chault Ainsi doit tu faire le fouail a tes chiens·

Apzantis demande comant len peut pzandze la trouie a force

ce chiens Modus refpond ie nay mie ozdonne que on laiffe courir apeffe
ment auc truyes pour les pzandze a fozce de chiens Mais aucune fois
peult aduenir q quāt on a failli a tourne bng fanglier du limier que on
laiffe aler dux chiens ou troys pour le trouuer n y ceulc chiens chacentet
tombent fur les erres et mēgues de truyes et les bont trouuer ētrelant
fil que il femble quilz aiēt trouue le fanglier Puis font les chiēs laiffer
aler acculc q ont trouue les truyes dont ilz font aucune fois deceuz Car
ilz cuidēt quilz aient trouue le fanglier et ilz chafferont tout le iour bne
pouure truye qui fuita deux iour deuāt les chiēs Car elle fuit tout bellc-
ment deuant et puis quelle eft actraictee iamais ne la pzādzoient a foz-
ce·Si bous diraiy cōment on peult pzādze telles beftes a fozce et la cau
fe pour quoy ilz font fortes a pzandze bous dzues fauoir quele fāglier eft
pzins a fozce pour fa fiecte Car quāt il eft efchaufe il court fus auc chiēs
et auc gens pour quoy il eft tantoft occis et mozt Et pource eft meilleur
a pzādze a fozce que neft la truye n la truye eft fozte a pzādze pour troys
caufes La pzemiere eft q puis quelle eft actratee cōmēt dit eft quelle
fuit tāt cōme elle peult n beult a fon aife La feconde on ne la peult tuer
Car elle ne court mie fus auc chiens cōme fait le fanglier La tierce cō
bien que les chiens la chacent de pzes et quelle faffe fouuant a baier ne
luy couroient iamais fus ne ne louferoit pzandze Et pour fes troys cau
fes elles font fortes apzendze a fozce Mais fe bous boulles pzandze re
laiffes fouuāt chiēs froys et nouuaux et quant biendza fur fa fin et qlles
actendza les chieus et quelle fe laiffera abaier pzenez troys ou quatre
bons leuriers et les laiffe aler aubois enquelque lieu quelle fe face a ba
ier et les leuriers la pzēdzont foit en fort bois ou en cler ainfi pouez pzā-
dze la truye a fozce · Explicit la chace de la truye fauuage·

Apzantis demande cōmant on pzāt les loup a fozce Modus
refpont quil beult pzendze loup a fozce de chiens fi ne le chaffe
mie biel loup Mais chace le ieune loup ne de lannee Car le
biel loup n la truye de quoy nous auons parle fuient dune maniere ain
fi cōme no⁹ auōs dit et deuife Car le biel loup ne doubte point les chiēs
ains les a tāt et fuit a fon aife et les chiēs le doubtēt et pource les fault

cheuaucher a tenir de pres et relaissier souuēt et le ieune loup cefforce de
fuir tāt cōme il peult et se laisse et trauaille et na mie si grāt pāsse cōme
a le biel loup Et quāt on voit tāt pour auoir relaissier souuēt cōme pour la
uoir chace souuēt et lōguemēt q̄ le ieune loup est vaincu et q̄l a tant les
chiens q̄l le chassent de pres qui ne le doub es mie tāt a chacier cōme ilz
font le biel ancuneffois et souuēt aduiēt q̄ les chiēs q̄ le chassent le pre-
nent aux dās et le metēt a terre ou on laissent aler auecques les chiens
qui le chassent deux leuriers ou troys cōme iay dit q̄ le prennēt enmy le
boys Et qui veult q̄ les chiēs chassent bien les loup il fault q̄lz soiēt biē
acharnez car sil ne font bien acharnez ilz chassent bien doubtillemēt· or
vous auōs deuise de la chasse cōme on doit prādre ieune loup a force Sy
vous deuiseros aquieulx signes on peult iugier et cōgnoistre loup des
chiēs p les trasses et le loup dauec la louue et le ieune loup du biel lon
peult iugier et cōgnoistre loup dauecques les chiēs pour deux maniere
lune si est par les trasses lautre si est par les layes cest sa fiente qui est
appellee layes les trasses du loup font plus larges et plus rōdes q̄ ne
font celles des chiens le loup a le bout des artieux plus grosse et pl⁹ rō
de que ne font celles des chiens Sy ont les loupz plus gros tallōs et
plus larges et les ongles plus grosses et moins pitues Sy vous dy-
rons cōmant vous les cōgnoistres par les layes silz font des loups ou
des chiēs Layes de loups font voulētiers plaines de poil et tout des
bestes quilz mēguēt et celles de chiens ne font mie tellez Car ilz men
guent point de poil Item se tu veulx cōgnoistre la louue du loup tu la
cōgnoistras par ses signes la louue a les trasses moindres et plus pe-
tites que na le loup mais elle a plus gros tallons et plus gros orti
eux et plus grosses ongles que nont les chiens Et pour mieulx cōgnoi
stre la louue du loup elle laisse ces layes enmy les voyes et es cheminz
et le loup les laisse de hors a couste de la voye Et se tu veux congnoistre
les trasses du ieune loup elle font telles comme sont celles de la louue
fors que le ieune a les ongles plus poignant plus agues et plus lō
gues Item se tu pren le loup a force pren vng moton et soit escorchez
et en soit la char ostee et decouppee et meslee auecques bon pain x soit

tout melle enfemble et eftãdue fur le loup et ainfi feras tu la cure a tes
chiens Et quant ilz aurõt precqs mãge tu tireras le loup par les iãbes
et le reuireras et ainfi baudiras tes chiés Sy en bauldzõt mieulr· Er
plicit la chace du loup q le pzãdze a force·

L Apzãtis demãde cõment on prãt le regnard autremêt appelle
goupil a force de chiens Modus refpõd a pzãdze le goupil a
force a bõ deſouit ou moys de feurier et de mars· Et pource
faire fault bziler vng buiſſon loing daultre boys n lez tanieres aur gou
piz qui font de dãs celluy boys foient eftoupez· qui veult bien eftouper
tanieres ilz les fault querre parmy le boys vng iour ou deur auãt quõ
chace Et fault quilz les veult eftouper qlz foiêt faiges de retourner quãt
il les ba deftouper et que la lune foit bien plaine ou bien pzes affin quil
boye ou boys ou les tanieres font car il fault que celluy qui les ba def
toupes y foit q la minuit ou enuirõ puis doit eftouper en cefte maniere
Il doyt auoir vne boucte et vne palle et doit couper du boys et faire po
ur chafcune bouche vng petit fagot pour boute dedans la bouche du taf
nier puis doit mectre de terre encõtre le fagot et puis par dehozs cõtre
terre et doit mectre deux baftõs en croir qui foient dolez et ia pl⁹ le gou

pil ne ſen aproċhera car quāt il voit les baſtōſ dolcz quiſont en croix ilz
tuide que ſe ſoiēt aulcūs engins pour le prandre et ainſi doit eſtre fait a
tout les bouċhes des taſniers q̃ ſont ou boys ainſi doit on eſtouper pour
chaſſier les regnars Sy vous dirōs cōmēt on le doit chacer pour le prā
dre a force quāt il ſera grant iour pource q̃ tu vouldras laiſſe courre tes
chiens ou buiſſon pren de gēs tāt q̃ tu pourras et les aſſtez tout ētour
le buiſſon aſſes loing du boys a doncqs laiſſe courre troys ou quatre
de tes chiēs de ceulx qui plus voulētiers le chaſſent et ce tu ta parcoys
quilz laiēt trouuer ſi en laiſſe aller au tāt des aultres chiens et voʔ tec
res bōne chaſſe et bon deduit qui fuit en tournoiāt et ſe demeure Puis
le racuillēt et le trauallēt a chaſſier puis cuide vuider le buiſſon et ſault
de hors Et ceulx q̃ ſont entour le buiſſon au deffence le huent et le font
rebouter ou boys et doit on relaiſſier des aultres chiēs Adoncqs grant
bataille terres et bōne chace Et ſi on relaiſſe ſouuēt des aultres chiens
il le deſconfiſſent et le prenēt a force a bōnes dans Et qui le teult pran
dre a force de chiens il ne doit auoir ne leurier ne fille Le tēps qui eſt
plus conuenable de prandre les goupiz ceſt en ienuier en ſeurier et en
mars pour troys cauſes La premiere eſt pource q̃ en ce mops la peaux

du goupil eſt en bōne ſaiſon La ſecōde pource q̃ en yuer tāps le loys eſt
deſimes de fueilles pourquoy on treuue mieulx leurs taſnieres pour les
eſtouper et ſi les y voit on mieulx fuir p my le loys La tierce ptie pour
ce q̃ ou tēps deſte ilz mēgent les mourōs et les vers et ſont enuenimes
pourquoy les chiēs ne le veulent chacier et ſe aduiēt ſouuēt Item ſil ad
uiēt q̃ le goupil q̃ tu chaſſeras treuue aulcune taſniere ou il ſe boute Je
te diray cōment tu le bouteras de hors eſtoupe toute les yſſue du taſui
er ou le goupil ſera boute excepte vng qui ſera deuers le vent et boute ē
lung de ceulx que tu eſtouperas vng pot a vng col greſle ou long ouquel
ayt dedās charbōs ardans et met deſſus les charbōs pouldre dorpimēt
et de ſouffre et boute le pot le plus auāt que tu pourras ou taſnier et ſoit
lueil eſtouper par ou tu le bouteras et te tien en la ptie ou tu vouldras
et ne te remue ne ne ſonne mot et tu le verras tātoſt ſaillir p lueil qui ſe
ra deſtoupez par deuers le vent Et cōbienq̃ par aultre voyes cōme par
aulcūs petis chiens taſnierz ou p aultres fumees neſt il aultre choſe qui
ſi toſt le face ſaillir etſil eſt hors ſailly faictes le recueillier tātoſt a vos
chiens ainſi le poues prandre a force explicit la chace du goupil.
¶ Cy deuiſe cōment et par quelle maniere on prent le leutre.

Apratis demāde cōment on prāt la leure a force Modus reſ
pond leure eſt vne beſte qui meruileuſemēt deſtruit toutes ai
gues doulces de poiſſon et q̃ biē le veult prādre a force de chiēs
ſi la chace en mars ou ſeptēbre que les eaues ſont baſſes et les herbes
petites Et fault q̃ les chiēs que les chiens qui la chacēt ſoient bien en
charnez de le chaſſier et quil ne doubte mie dētrer en leaue. Et quāt ilz
en ont mēge ceſt vne beſte quil amēt moult a chacier Le leure eſt iugi
er p le pie dauecq̃s les aultres beſtes Et par le pie eſt cōgneu le maſle
de la fumelle et auſſi eſt iugie des aultres beſtes par la fiente. Et auſſy
comme en la venerie des cerfz a maniere de parler de iuger et de deſtour
ner auſſi a il en la venerie des leures ſa fiēte eſt appelle eſpraintes et ſe
quō voit par le pie eſt appelle matches ſi vous diray quieulx ilz ſont ⁊ de
quel iugemēt Es matches des leures nappart point de tallon comme il
fait es matches des chiens et ſi a plus dortieulx ou pie que na vng chiē
D iiŋ

et son les ongles ostieur menus cōme le bout du petit toy et la mai dit
homē et a ou pie tadsilles cōmē la pate dune oye et a le fons dupie briez
te et petites bossetes Et a les marchz asses rōds tedeuāt et sōt lōguetez
Celles te la loutresses sōt plus petites et plus estroites et na m̄ e les bu
utz des ostieur si gros lespraintes de loutres sont noires et plaines da
restes de poisson et les laisse sus ong petit mōcelet sur letourt te lariuie
re sur aucunes botelecte Celles te la loutresse sont ong peu plus noires
et plus cleres Si vous dirōs cōment on va enqueste pour te tourner la
loutre Celuy qui est maistre loutreur doit auoir deur barles ou plus du
mestier pour luy aidier et se doiuēt tous leuer biē matin et doiuent aller
en queste cōtremont la riuiere les autres aual lung dung couste te la ri
uiere a lautre te lautre pt et doiuēt regarder autour te la riuiere sil trou
uerōt les espraintes et sur les basses riues par ou les loutre peuuēt yssir
te leaue si terōt des marchies Et silz trouuent des marchz ou dautre
en leaue ou de yssir lē en doit prēdre garde si cest cōmēt ilz yssent hors de
leaue se les marchz traiēt a tenir daual ou a tenir damōt leaue et aussi
le loutre si traine a aler cōtre mont ou a bal Et ainsi saures vous sil va a
mont ou a bal leaue et se vous trouues en plus dun lieu quil tire daller a
mont ou aual et la partie q̄ vous teres quil tirera si le pour suiues mais
il fault prandre garde a deur choses La premiere q̄ se soit de bōne erre
te la nuit tāt par les espraintes cōme p̄ les marchz lautre si va a mont
leaue q̄ on preigne biē garde son terra point te luy rauellier Et en ce po
uras cōnoitre la milleur erre par les marchz silz sur marches lune sus
lautre Et dece doit tu faire doubte quāt la loutre va cōtre mont leaue et
non mie tāt de doubte quāt il va aual leaue Si vous diray pour quoy lou
tre est detelle cōdicion que voulētiers va en pasture le cōtre mont leaue
espiciallemēt quāt le tent et leaue vont ensemble pource q̄ l a le tent et
la festume du poisson Et aussi quāt il part du lieu ou il de meure qui est
apelle selō le mestier giste il va voullētiers ē pasture le cōtre mōt leaue
pour one autre cause pour ce q̄ quāt il a pasture a sa voullente il reuiēt a
son giste aual leaue et se fait porter a leaue lōguemēt a yst ong peu hors

de leaue pour ce quil est saul Et ql va a son aile aual leaue et est certai
qil ne demoure mie longuemet e vng giste pource q le pais ou il a este e pa
suuaige est raoelt a batu et va en autre lieu demourer et peschier Et sa
ches quil va bie aucune fois en pasture dune lieue loing Or vous dirons
comet on le destourne quat tu louras bie aduise par les ensangnes que
icdy quil va de la meilleur erre ou a mont ou a bal de leaue toustours re
gardat si come nous tauons dit Et se vo faillies a congnoistre de luy vne
grant piece retourner en pais ou enuiron ou vous le trouisies derniere
met et regarder sur les Riues de leaue se vous terres ne resniet ne giste
ou il puist demourer la sera demourer puis q tu auras steu amot x a bal
quil ne sera pas passe ne retouner gist en vng fort pais de iagleul ou en
brogerecux soubz la racine dun arbre pres de leaue ainsi le pouez de stour
ner et aller a la samblee ou les autres compaignos doiuet venir Quat
les autres copaignons sont venus de leurs quites il se doiuet desiuner
et donner vng peu a mangier a leurs chies puis Doiuent aller droit au
giste ou il cuide quil soit demourer et voisent les vngs dune part de la ru
piere et les autres de lautre Et doiuet auoir chescu en sa main vne soeue
qui doit estre en manche en vne lance come la manche dun gleue et doit
estre le fer de la fasson si come il est figure cy apres puis quat vo viedres
einsi come autrait de trys arbalestes du giste on vous laues destourner
laisser aller voz chies Et pource q leur rادuit sera passee quat ilz viedrot
augiste a silz a baiet formet sur le giste et qlz arestet a grater et facet gr
at feste vo pouez bie peser qlz lont trouuer mais tenez pour certain q en
quelque forteresse q chiens voysent trouuer loutre Ilz le boutent en leaue
et leurc quiloit le cry des chiens adoncques doiuent aller au dessus et au
dessoubz du giste et Regarder au font de leaue sily verront passer et silz le
veit il le doit ferir de leur freuue et meitre paine de le tuer Sy emme il
est figure cy apres Et silz ne le veiont tantost silz le quierent au chiens
a mont et a bal Et lors saillent en leaue et querent soubz les Riues et
quat ilz le treuuent si outes grans a bais et grat meslee Et trop bon de
duit x terres le chies saillic en leaue et luy courir sus et il se met en leaue

et va par le fons de leaue bien lõguemẽt Et puis se remet ou couuert du
ne racine ou daulcunes herbes Adõcqs terres les chiẽs aller querãt
amont et aual et saillir en leaue Et quãt aulcun le treuue si luy cour sus
et habaie et les aultres biẽnẽt sur luy\si ores bõne chace et bon desduit
Et toutesuoyes audessus et au dessoubz les lotreus pour le guectier a tou
te leurs fresues Et ont tousiours leueil au son de leaue · Et lung deur
le voit passer si le fiert de la forme et le lieue tour au cõtremõt et les chiẽs
labairont tout entour Et quant il est mort si le gecte on en my les chiẽs
et leur fait on fouller Et puis leur fait on curee dessoubz de pain et de
fourmaige et de char cuite quilz portẽt auecqs eulx \et ainsi est prins a
force es petites riuieres vne aultre maniere y a de trouuer la loutre et
on la fait destourner lon laisse aller les chiens sur la riuiere et va on qe
rant au loing de la riuiere et sont les veneurs dune part et daultre de la
riuiere Et quant les chiens encõtrent la nupt silz sont bons ilz le vont
trouuer en chassent baudement et silz ont trouue et la riuiere est trop
grãt il doiuẽt porter pour les grandes riuieres fillez qui tendẽt au des
sus et au dessoubz Lesquieulx soiẽt larges a lentree ainsi comme vng
guido:l pour comprandre les deur riues

et est la corde dessoubz plombee qui va au fons a lautre ne lest mie et va
tousiours en estrechant et a vne corde estache au bout de la queue du fil
le que lũg des teneurs tient qui est sur la riue affin q̃ quãt le loutre q̃ est
dedãs le fille il sent sa corde remuer Et puis lieue la corde plõbee et lie
uẽt a eulx le fille ainsi est la loutre prins Et ainsi le doys prandre es grãs
riuieres et es petitez si cõme to⁹ aues oya force de chiés Explicit·

Es aprantis ie vous ait dit cõment onprẽt a force de chiens
dix bestes desquelles il y en a cinq q̃ sont appelles doubces bes
tes cõme le cerfz et la biche le dain le chureul et le lieure·Et
les doubces bestes cy nont nulles dans dessus excepte le lieure et ce q̃lz
broustent pour leur vie nous lappellõs viedes et des aultres cinq bestez
nous lappellons mãger et ont dãs dessus et dessoubz et de tresbõs des
duitz sont pour les prandre a force Sy cõme nous auo⁹ mõstre q̃ a bõs
chiens Et aussi a on de bõs desduitz de prãdre au fille a buissonner q̃ chas
cun na mie de quoy onlez puisse prãdre d̃ force A ce fait grigneur exploit
de prãdre bestes au fille que en aultre manierez Sy a bõne maniere de
tailler les buissons et de tandre les filles ou il y a de tresbõs desduicz de
chiens et de bonne chace le milleur qui puis estre et a moins de trauail
cest a briser les buissons pour les noires bestes et est appelle desduitz ro
yal le quel no⁹ duiserõs Mais auant vous sera dit cõment on doit gar
der les chiẽs de la mute pour le cerfz Quãt la saison des cerfz est faillie
apres la sainte croix en septẽbre quant il demeurẽt daler aux biches lon
doit les chiens de la mute garder sans chacier·Lesquieux ou moys de
mars et dauril ou lon leur doit faire courre les lieures et q̃ bié les veule
garder tout le tẽps iusques audit moys si lez mece en vne maison chaul
de necte et leur facẽt on vne hauce de ais de chesne cheuillees sur piece d̃
boys assiles a vng pie hault de terre et lesquelles aissoiẽt prez asses me
nuz affin q̃ leur pissaz se puisse euacuer et dessus espandre de beau feure
blanc asses et en celle maison doyt tousiours auoir vng auger qui soit
tousiours plai de belle eau cler et frecle cest assauoir de riuiere ou de puis
et leur dõnes a manger deux foys le iour au matin bié matin et au ves
pres Et touteffoys qui fera beau tẽps soient iouer aux chãps bien mati

et au vespres Et quãt ilz reuiẽdront de iouer soiẽt peſſus de bon pain de
fourmãt souffiſamẽt et plus au veſpre que au matin puis ſoiẽt mis en
leurs cõnillier ceſt la maiſon deſſudit ordõnez pour eulx Et doiuẽt eſtre
tenus nectemẽt et leur eaue renouuellee ſouuẽt et ne doiuẽt point man
ger de char ſilz ne la pregnẽt quant ilz chaſſerõt ſe ne ſont auleuns des
chiens qui ſont malades outrop maigres que lon veulle reſſouldre · Et
doit on mectre les chiens malades hors dauecques les aultres ainſi de
uez garder vos chiens de mute pour le cerf Sy vous dirons commãt on
les gairit daulcunes maladies ·

Cy deuiſe de la maladie qui vient aux yeulx des chiens ·

Laduient ſouuẽt aux chiẽs vne maladie es yeulx quõ appel/
lent ongle ſe ſont groſſes taches rouges qui leur ouurẽt les y
eulx adce vault moult faire vng collier a chien dune brache do
urme vert en ſeue et luy en ſoit mis encõtre le col et laiſſier tant quil ſoit
ſec et ainſi cõme le collier deſchara la maladie ſen yra ou aultremẽt pre
nes vne herbe quieſt appellee par ſon nõ vermeilleuſe et luy ſoit mis le
ius ou la pouldre de celle de dans lueil vne foys le iour ſi gairira

De la maladie qui prant de dans la teſte daulcuns chiens ·

Vltre maladie q̃ leur prãt de dãs la teſte et leur couurẽt lez o
reilles pour quoy ilz pdẽt aulcuneſfoys le ouyr prenez vne bri
ſe rõde de freſne et en ſeue a tout leſcorce Et ſoit mis ou feu ꝯ q̃
on mectẽt deux eſcuelles endroic les deux tous de la briſe pour receuoir
ſe qui en ſauldra et ſe q̃ en ſera cheut ſoit mis le tiers duille roſat et de
ce ſoit laiſſe couller es oreilles du chien plaine vne cuillier dargent tie
de Et ſoit mis en chaſcune oreille et ſil a mal es deux vne foys le iour et
il ſera tantoſt gairy · Pour chiens qui ſont rougneulx

Laduiẽt ſouuẽt q̃ chiẽs ſont en fond⁹ et rougneulx pour lez gai/
ryr prenez vne herbe et ſa racine qui eſt dicte eyenne ſi les faictes
treſbien cuire en eauue puis prenes vne ronde briſe de cheſne verde et
en ſeue a tout leſcorce et la faictes ardoir ſans aultre boys et la ſandre
qui en ſauldra ꝯ de leauue deſſuſdictes a tout lerbe ſoit faicte leſſiue chau
de vous laures le chien vne foys ou deux le iour Et ſe

wous la woules faire plus forte prenez les deux pars de celle lessiue et le
tiers de tresbon vin aigre et metes dedãs le vif argẽt macteffie x peltrã
pe de vin aigre et metes dedãs le vif argẽt matiffie x de vin aigre a vne
chopine de vin aigre fault vne once de vif argent Et soit tout mesle auec
ques et en soit le chien laue ainsi comme dessus est dit·

¶ Pour chiens qui ne peult aller hors·

Re aultre maladie que chiens ont q̃ sont coustumes et ne peu
uent aller hors et deffaichent prenes ciq grais ou vij· dune her
be qui est appellee esparge et la moillier et destraper du laictee
maigre de let dechieure x dõner au chien a la quantite de plain vng ter
re et y gayrira·

¶ Maladie de rage de chien en ragier·

Our morsure de chien en rage Chiens sont en rages de plusi
urs rages desquelles y nen ya que deux qui soient mordãs des
quelles deux il en ya vne qui est appellee rage cordial Cest ra
ge de cueur et nest pas si enuenyme comme est laultre Et ne en ragent
point ceulx qui en sont mors L aultre rage est appellee rage en ragẽt x
tient plus en la teste que alieurs et luy descent en la gueulle x es dans
vng venin si tresuigueur qui nest riens sil en est mors quil ne soit bien
enuenyme Et pour la grãt victoire fault querre brief remede aulcũs en
vont en la mer qui est biẽ petit remede Et mieulx vault faire bõne saulce
incõtinant de grains de bõ gros sel aigre vin et de fors aulx tout trible
ensemble et chauffe leau x saulce la morsure auecques bõnes orties gri
esches Jtẽ aultre remede bien esprouue ace mesmes se aulcũs est mors
de chiens en rages soit homme ou teste quelcõques hastiuement quon p
gne vng viel colt et quon le plume entour le cul et que onle courbe par
les iabes et p le elles et quõ metẽt le trou du cul sur le ptus de la morsu
re et quõ ait plume auecqs le ventre dalce e t venue a la main affin que
le cul du col suce et lieue le venin de la morsure et ainsi soit fait lõguemẽt
sur chue des plaies de la morsure Et se les plaies sont petites si soient p
rees a vne lancete Jtẽ se le chiẽ estoit ẽ rage le col enflera x moura x celup
q̃ est mors guerira x se le col ne meurt cest signe q̃ le chiẽ nestoit ẽ rage·

Apzantis demande cõmant et par quelle maniere len ozdõne le bon de duit qui est apelle Roial· Modus respond le de duit pour les buissõ faire pour les bestes noires est appelle de duit· royal pour troys causes La premiere siest pource ql a partiét aur roy aur prince pource ql ont les grãs foreftz ou les bestes sont et les buisson bien garniz La fecõde caufe fi est que q beult auoir bon de duit abziser les chemins les buissons il fault auoir grãt foison de chiés et de fill es Et les princes lez peuét mieulx auoir que ne font les autres La tierce caufe fi est q beult fans trauail et fans foy bougier dune place ou il woit le milleur de duit quil foit ou mõde et la milleure chace de chiés pource est il appelle de duit royal Si bous de biserons cõment on le fait Qui be ult chacer en buissons pour les noirs bestes fi le face au moys de nouem. bze entre la fefte de toufflans et la faint andze Et la caufe fi est q les fan glier font encozes en faifon et lez truyes aufli le moys paffe les fan glier empirét Car il bõt aur truies et les truies font ê faifõ iufques a la chãdell eufe et plus pource iay ozdõne de la faire en le moys car on cha ce generallemét par tout Item on fe doit ozdõner a faire les buiffons. pour les noires beftes ê cefte maniere auant que on chace les beneurs. doiuent aler en la fozeft ou on beult chacer pour boir felle eft bien gar nie de beftes et doiuét aler en tour les buiffons et es fuftaies ou les mê gues font Et filz encõtrét des befte noires ilz les doiuét pour fuiure a lueil pour fauoir ou il fe deftounerõt et ne doit õ point mener de limier ne gecter bzifees Et mieulr bault que les beneurs de cheual boifent bifiter les buiffons car ceulr de pie hantent plus les chiés que ne font ceulr de cheual ce font beftts q les beftes noires qui tanftos laiffent leur pais quãt ilz ont le bent des chiés ou des fillez ou de ceulr q hãtent chiens Et les beftes quilz aurõt pourfuiues felles font entrees en fort pais cõme g neftes ou de ieune boys va en tour le buiffon et te pzen garde tout en tour cõme le pais eft rõche Et fil y entre gures de beftes noires et aufli doit on aller bifiter les buiffons et fozeft ou en doit chacier Si de uife rons comment on fe doit ozdõner pour chacier et tailler les buiffons le ·Jour deuant que on doit chacier on fe Doit pourueoir de ·Grant

foyſon degens pour mettre es deffences et pour huer endroit cōmencer/
achacier ou buiſſons qui eſt audeſſoubz du vent des aultres buiſſōs Car
qui cōmanceroit audeſſoubz les beſtes qui ſeroiēs es aultres buiſſōs au
roient le vent des autres chiēs et entenderoit la noiſe pourquoy les aul
tre buiſſons en baudroiēs pis Et doit on ordonner vng lieu au deſſoubz
du vent du buiſſon ou on bachacier ou les chiēs et le fille a les deffēces
et touslceulx qui a la chaſſe vont bien matin et les veneurs doiuēt aller
entour le buiſſon atōt leurs limiers et prādre garde ſe il ſen boſque guit
tes de beſtes au buiſſon de la nuit Et ſelon ſe quil y entrera beſtes a que
le buiſſon ſera biē garny taille ton buiſſon greignieur ou momore a te
prā garde ſi tu as aſſes gēs a chiēs et filles pour les deſtraindre et pour
clorre ton buiſſon Et ſe tu as peu gēs a fille ſi les deſtrain de plus pres
Car ce ſont beſtes noires qui bien ſenffrent que on leur tēde pres mais
quō ſoit au deſſoubz du vent Et te prans garde quant tu tendras que le
plus de tes beſtes ſoient en chaſſe ſi leſ auras en ceſte maniere Qant tu
yras en tour le buiſſon a tont ton limier tu dois prādre garde a deux chō
ſes La premiere ſi eſt que ſe toutes les beſtes qui ſenbuchēt au buiſſon
tirent a aler en vng pais La ſeconde ſi eſt que tu prengnes garde que
le pais ou ilz ſe deſtournēt ſoit au pais ou ilz ſe doiuēt deſtourner et demo
urer cōme de ieune bois ou de genetz Car en tieulx pais demeurēt voulē
tiers noires beſte Et en cores pour mieulx ſauoir ſil demeurēt enſamble
en vng pais peut on traire auecque ſon limier les voies quil voiēt a tra
uers le buiſſon bien lōg du pais ou les beſtes ſe ſont enbuchees Et ſi tō
limier encontre aupaſſer la voie ne le faix mie crier que le moins que tu
pouras et retray arriere et Regarde aleurs ſe Ceſt beſte noire et regar
de quelle part ilz tireront et ainſi porras mieulx acertener ē quel pais
ſeront demores et ou tu deuras tendre ton fille Et garde que le cueur de
ta haie ou tu tendras tes fille ſoit bien auancee ceſtadire quelle ſoit au
deſſoubz du vent au pais ou les beſte ſeront demoures et ſay ta haye au
trauers du buiſſon ſur voie et pmi le fort et ſoit tendue de latz ·Car mie/
ulx vault haie drue de fille que debois et qant tes latz ſeront tendus ſyl
ya es bout de ta haie fuſtaies ou aulcun cler pais ou tu puiſſe tendre tes

Rayes si les tens en crochant et en clouãt le buisson et tens a fourchez
et doiuent estre les rapes tendus de bi ou de vñ piez de hault Et vault
mieulx tendre rape aux forches que aux estãcons pour troys causes\la
premiere si est que le fille se soustient mieulx sur lez forchees pour le vẽt
quil ne fait sus les estancons La seconde si est que se la rape est lachee
on la peult mieulx resouldre aux fourche que aux estancons La tierce
si est que les rapes qui sont tendues aux fourchees tombent a venir de
deux pars dallee et de venue et laultre ne tombe que dune part Et gar
de ou tu tendras tes rapes quelle ayent bon vent Cest adire que le vẽt
biengne au long du fille Or fault asseoir les leuriers pren garde a lau
tre bout de la haye ou tu as tendus tes latz sily acler pais ou lenrierr
puissant aller et prendre qui soit asses auante et sil y a fuste pren tes le
uriers et les metz encrochãt et si ny peut estre se le pais est trop dur ou
quilz eussent mauluais vent au vent des cordes au moins et en cloant
le buisson si les metz au fustaies au long de tez rapes a les a fustes en
telle maniere qlz puissent veoir lung laultre Sy doiuent estre a fustez a
couuers de branches pour estre mains veuz Item les deffences doiuẽt
estre assises de puis les leuriers bien au dessoubz et doiuent clourre le
buisson tout au trauars par bien loing au dessus du vent ou les bestes
sont en crochant vers la haye ou les latz sont tendus de laultre part Et
doiuent estre sur voye en tel lieu quilz voient les vng les aultres et en
tre le bout des deffences et ta haie ou tu as tẽdu tes latz doit estre le har
donne de tes chiens Cest a dire que les chiens qui ne seront laissie cour
re ou premier seront en hardcr par les coulpes a genetz ou a aultre ieu
ne boys court entre voistre hardonner et voistre haye aura vng beau feu
et grant alume au tour des gens de la chasse et sassambleront pour boy
re et pour eulx assambler et ordõner Et illecques feront fouailler les
bestes qui seront prinses et quant toutes les gens seront assembles au
feu et ilz auront beu lon doit enuoyer les leuriers et les deffences ou ilz
doyuẽt estre et les chiens du hardonner aussi et qui a foison de chiens il
peut biẽ faire son hardõner en deux lieux a le mectre en lieu la ou il puis
se valloir pour deffence Et aussi doiuẽt ẽ voier a leur garde ceulx qui gar

deront les raitz et les latz a la haie Et si vous deuiserons vng peu de la
maniere du tendre les latz et coment on les doit garder Se tu tens les
latz pour les bestes noires garde que la chiere ne soit mie trop haulte et
suy la haie forte entre deux laissieres· Et quāt tu tendras toñ latz pren
le par les deux fermelieres et les estās et ouure lē plus que tu pourras
et le gecte sus laciere· Et garde que les deux fermelieres soient haulte
aux deux costes de la ciere et garde que ton latz soit bien iointaux costez
Pren deux brāches et les fiches pmy les latz contre terre en ioingnāt
les latz aux costes et a tache les deux maistres a deux arbres au coste de
la ciere et a tache asses court Et se tu tends sus voye ne tēds mye au ri
uage de la voye mais fay ta haie vng peu dedās le boys et laisse la voye
en chasse\cest adire par deuers ou les bestes sont a doit estre la garde sur
la voye pour deoir ce qui passera Et· se le sanglier tōbe au latz la garde
le doit pursuyure pour le tuer mais garde soy bien quil ne passe\parmy
la laissiere\il ne le doit mie faire pour troys causes La premiere si est dl
aist grāt hardiesse de luy coutre sus et de le blecier· La seconde sil nauoit
bien clotz le latz ou. il se met il se pouroit bien desueloper La tierce si est
quon doit passer par vne aultre laissiere au dessus la haie et venir au de
uant affin que fil bient courir sus quil cloe le latz en titant a venir vers
toy et sen fera meilleur a tuer et sans peril Or vous audiz deuise com/
mēt on doit tendre a taillier le buisson Sy vous deuiserōs cōment on le
doit chasser quāt toute lordōnance des gens asseoir en leurs gardes est
faicte\les teneurs doiuēt prādre la quarte partie de leurs chiens et doi
uent aller laissier courre et les aultres enuoyer ou hardōner cōme dist
est Et se aulcuns demādoit pourquoy on laisse courre si peu de chiens au
premier·la cause si est que sil y a au buisson rouges bestes cōme cerfz bi
ches ou cheureux vng peu de chiens les boutēt hors du buisson\et uault
mieulx que peu de chiens se de gactent a les bouter hors et quon escheue
ceulx du hardonner pour briser le buisson\et doiuēt au buisson pour le bri
ser tous les teneurs de cheual et de pie Et quāt il ont este vne piesse pr
my Et les chiēs ont uides les doulces bestes adōcques doit aller vng
des teneurs au hardōner et doit amener autant de chiens et en huant

e i

si comme il appartiét Et se les chiens le treuuét si ores grans abaitz et
grant chasse et grant noise de huer Et de corner et de renforcer la chasse
des chiens du hardonner pour quoy la chasse est si grant et la noise telle

quon nentendroit mie dieu tonner Et quant bient sur le tart que les be-
stes sont pourmenees z que les chiens du hardôner chassent to⁹ au buis
son Adoncques ores a la haie crier crier chiens abaier et chasser cors
et trompettes sonner et les aultres huer si endroit terres le meilleur d
duit des chiens qui peult estre Et quant le buisson est bon de bestes on e
prent grant foison Et endroit demoy ie vy le roy charles qui fut filz au
beau roy phelippe q̃ chassa en la forest de bertelly en vng buissonappelle
latoule gueraldet ou il print. ti. xx bestes noires en vng iour sans les
emblees · Et se il bient aux leureirs ceulx qui tiennét les leureirs les
doiuent laissier aller quant itz sont passes apres le cul Et retiens que a
loups on doit laissier le leureir a lencôtre et es cerfz aux coustes et aux
sanglier au cul pour troys causes La premiere est que ce tu ne laisse al
ler tes leureirs a lencontre du loup sachez que tu luy dônes grant aua
taige de eslongner les leureirs et quant on laisse aller a lencôtre y re-
tourne et baudril par quoy les leureirs la prochent si est auâtaige pour

eur. Item et quant au cerfz se tu laisse aller tes leureirs a lencontre il
est si topde de puissance et hault sur iambes a si fort de soy que a painc la
procheront Et pource doit on laisser aller au coste Au sanglier et a noy
res bestez qui laisseroit aller a lencontre au sanglier par especial ilsarde
stes et les atend et si come il vient ilz biennent il les decoppe pource las
se len aller apres le cul car aussi sont ce bestes que porcs et truyes qui ne
bont mye toust Ainsi bous auons deduit et druise le desduit royal

Aprentis demande ce on fait ainsi tous buissons pour soutes
aultres bestes Modus dist nennil se ne sont pour les cerfz et
pour les loups Esquieulx chappitres bous sera dist et monstre
par raison aulcuns exemples qui sont bien a retenir Qui beult predre
les loups a buissonner le taps est la fin du moys de feureir et est le teps
qilz sont departy de gestoire et de challeur pour quoy ilz sont familieux
Car tant come ilz sont en gestoire ilz menguent pou ou nrant a pour les
assembler a bng buisson ou lon les beult prandre et destrandre leur fault
onner a menger en ceste maniere Tu dois regarder es boys ou loups
antet ou buissons fors des boys et cest pais auquel il aist eaue erdas
a insi comme bng male ou flache ou il puissant boyre Puis prenes bne

e ij

beste morte de nouueaux cōme bne bacte ou bug cheual et soit porte de
dans le buisson et soit mis en bne place · Et de celle beste prenes bne es/
paule ou bne cuisse et soit porte parmy les fors ou les loups hantent et
soit fort trainee parmy les fors et parmy les carrefours des voyes en
plusieurs lieux et retrainee au buisson ou bous mettes la charougne · a
ainsi poues to⁹ donner a mēger aux loups en deux buissons ou en trois
en bng iour mais que le pais et les buissons ou bous donneres a man/
ger soient bien loing les bngs des aultres puis fault beoir cōment ilz
auront mange · En ceste maniere est certain que pour deffault de leur do/
ner a manger ilz prendroient les cerfz qui sont foibles en ce tamps\sy
dois lendemain que tu leurs auras donnes menger aller beoir la cha/
rogne cōme ilz auront māge et ba tout bellement aū dessoubz du bent a
que ce soit a haulte heure Et se tu boys que ilz ayent bien māge la charo/
gne derompue et traignee et les os ronges et quilz en soit peu demou/
re saictes que plante de loups y ont manges et que ce nont mye fait chi/
ens Et sil ont bien mange celle nupt la charogne attende bng iour ou
deux et leur donne encores a manger en la plaice mesmemēt et leur au/
tant comme tu feis druant Car les aultres loupz y biendront qui aurōt
assentu ceulx qui auront mange Puis reuien lautre iour pour beoir cō/
ment ilz auront mange et sil ont tout mange et les os compuz et rōgez
et tramues sa et la cest signe quil y a este foison de loups · Et aduient q̄
lō peult aulcuneffoys iugier selon ce quilz ont māges\doncques celluy
iour\puis quilz auront manges Chasses et faites tenir boz hues et bos
filles au dessoubz du bent et tailles bos buissons et tendre en la manie/
re que ie bous ay deuise des bestes noires Mais bault mieulx tendre de
penneaulx que de latz sans faire haie car on doubte la haie · Les pen/
neaulx doiuent estre de fil fille a cordes pointues et deliees fortes et ligi/
eres Et que bos chiens et bos hues soient bien loin du buisson au desso/
ubz du bent et tous les penneaulx a fourches haulte et cler comme bng
homme leuroit le coude Et se qui sera tendu parmy le fort soit tendu en
ceste maniere Celluy qui portera le pennel parmy le fort laura saint en
escharpe parmy son espaule Et doit aller a recullons parmy le fort · Et

vng aultre qui apres luy pra le doit mettre et estandre sur le boys aus/
si comme vng pannel a connil et quil aist fille largemēt Et sachez que
la maniere de tendre parmy le fort vault mieulx que nulle aultre pour
prandre loups et sen doubte moins Sy vous dirons cōmēt on a fuste
les gardes de panneaulx chascune garde doit auoir deux bastons et vne
espee et silz sont en cler pais il doiuent estre pres a vng grant get de pie
re du fille par deuers la chasse\et bien estre couuers dauāt Et se le loup
vient la garde le doit laissier passer sans fust et puis luy doit gecter lūg
de ces bastons apres le cul sans sonner mot\car si ploit ne sonnoit mot
il retourneroit et si tombe au fille il luy doit mettre le baston quil luy est
demoure en la gueulle et luy donner de son espee et le tuer Jtē les gar
des que tu mettras aux penneaux qui sont tendutz au fort doiuent estre
assis plus pres les vngs des aultres que ne doiuēt estre ceulx qui sont
au cler en telle maniere touteffois\quilz puissant veoir le loup passer et
que les gardes soient bien couuers Et quant tu auras assis tes gardez
va asseoir tes deffentes ainsi cōme nous dismes au buisson des bestes
noires Et sil y a vng coste de pais cler ou il ait bō vent ou leureirs puis
sent prendre si les a fustes et les y assies dru et loing du buisson et quil
soient bien couuers Et se le loup leur vient on le doit laissier aller de ps
a aulcune contree Et quant tu auras ton buisson clos tant de fille com
me de bons leureirs et deffences assues\assies ton hardonner a va lais
fier courre vng peu de tes chiens ou les loups ont mengie Et se tes chi
ens ont trouue le loup laisse courre de ceulx qui sont au hardonner a tu
auras bonne chasse et bon desduit Et retien que se tu ne prens tous lez
loups et il en demeure aulcun tu le trouueras le lendemain au buisson
se tu y veulx chasser·

¶ Cy deuise cōment on doit prendre le cerfz a buissonner ·

Aprentis demāde cōment on prent le cerfz a buissonner Mo
dus respond que ce cest vng buisson garny de cerfz on le tail
le en la maniere que ceulx que nous auons deuise p cy deuāt
fors tant seullement quon taille le buisson pour les noires bestes moi
dre quō ne fait cellup pour les loupz Car ce sont bestes qui sen vont pl⁹

e iij

roit deffroy et q̃ sont plus mauluais a destrandre q̃ue ne sont les noyre
bestes Et pource leur doit on tendre de plus loing et faire plus grant
buisson et tendre les ratz plus hault tãt cõme ung hõme puisse aduc
nir a la main Et si peult on faire haies pmy le fort et haultes laissieres
ou on peult tendre latz ou cheuastres qui mieulx ballent pour predre les
cerfz Et nont les cheuestres que ung bon maistre et menu fille cõme d
corde a fouet Ou il na que quatre mesle de long et iiij. de le et est bõne te
te que de cheuestre pour affaitier ces chiens Car on lie le maistre a vne
branche coppee que le cerfz en traine et fuyt a paine par quoy les chies
la prochent Sy brises le buisson en la maniere que nous auons dist

¶ Cy deuise des exemples qui sont dittes.

Aprentis demãde quelles sont les exeples que vous nous dit
tes au cõmãcement des chappitres du loup et du cerfz A ce res
põd la royne racio et dist q̃ dieu nostre seigneur donnamoult
de belles proprietes aux bestes mues en quoy hõme peult predre moult
de belles exeples Et par especial il donna au cerfz moult de belles ppri
etes qui sont figures et exeples au gouuernement de nostre seigneur
selon nostre loy si cõme il vous sera deuise Premieremẽt il demonstre es
pprietes q̃ dieu luy dõna la nauitite nostre seigneur Apres il demostre
la mort Apres il demostre les dix cõmandemẽt de la loy Apres il demõ
stre cõment on doit fouyr a ses aduersaires Apres il demostre quieulx
aduersaires Apres il demostre purgatoire et la bie pourable Sy vo⁹
deuiserons cõment les figures dessudictes peuuent estre declarees Et
quant a demostrer en figure La natiuite nostre seigneur il est ainsi q̃
quant adam eust goute du fruit de bie toute nature fust desordonnee tel
lement que tous ceulx qui moroient a loient en enfer Et pource meffait
deuient nature dõme si coubarde et en si grant freeur que riens ne la po
uoit asseurez Quant dieu voult de sa grace entrer au ventre de la benoiste
bierge marie Adõcques fut nature Confortee et asseuree et ainsi le de
monstre au cerfz Car dieu crea cerfz quãt il le fit de si trescoharde natu
re ainsi cõme ysodore le recorde en son liure\quil morist deuãt les chiens
se ne fust vng osset quil mist en son cueur qui luy soustiẽt la vertu espiri

tuelle et luy dōne force et hardiemēt Et cellup offet ðmoultre cōment
dieu cōfota nature dōme quāt il entra au cueur ðe la bierge marie a
demoultrer la mozt noltre leigniur Elle fut biē demoultree quant laint
eultace le bit cruciffie entre les cozues a demoultre cōment les·x·comā
demāt de la loy y lont cōpzins \hōme ðoit bien lauoir queulx lont les·x·
cōmādemēs q dieu cōmanda a hōme expzellemēt de les gardez et q les
mult en la telte pout le garant de la bie pardurable et pour la deffence ðe
tout ces aduerlaires ainli elt il de moultre au cerf Car le cerf a·x·bzan
ches en ces cozues ne plus lelon le meltier ðe benerie ne luy en pbet ou
dōner li cōme il elt dit en ce liure et ces dix bzāches luy dōna dieu a milt
en la telte pout le garāt ðe la bie et pour le deffandze ðe tout ces aduerla
ires Et ainli ces dix branches demoultrēt les dix cōmādemēt ðe la loy
a ðe moultrer cōmēt on ðoit fouir a ces aduerlaires iay ailleurs fait ðe
cletacion en celt liure cōment cerf fuit les boies dures a leches afin que
les chiens qui le challent ne le puillent allentir Et puis ba a leaue pour
loy baigniet a fin ql pðent le lantir ðe luy Ainli ðoit fouir hōme quāt
le diable le challe celt quant il le tempte il ðoit faire pēitence et courte a
leaue celt a leaue benoilte afin q le diable ne lente et congnoille la tralle
Apzes bous dirōs quieulx aduerlaires a hōme les aduerlaires lont le
diable la char a le mōde tieulx aduerlaires a hōme Sy bous declarerōt
cōment les enemis du cerf lont figures \les diables au cerf lout les lo
ups q les challent iour et nuit pour lez pzādze a deuorer La char elt la
grant couuoyile daller aux bichxs pour quoy il aduient q pour la grant
exellion ðe exertler les bichxs pour la boulente ðe la char il deuient li pa
me et li non puillant q le loup le pzēt et deuoure Le mōde elt bng des
grant enemis q cerf ait Car les gens du mōde q le challent pour cōuoiti
le ðe la char a pour le ðe duit ainli la char le diable et le monde lont ene
mis du cerf et aulli lont enemis a lōme Et aulli les cōuoitiles les richxs
les les baines gloires ðe ce mōde lont enemis dōme Car le ðeable met
toullours peine a decepuoir hōme Et aulli la char cōuoicte les ðelices ðe
la char ðe boire a ðe biādes et ainli elt enemie dōme Et pour ce a dieu ai
me hōme ðes dix cōmādemens ðe la loy pour loy ðeffendze et garātir ðe

les enemis A pres est demoustre au cerf purgatoire et vie pardurable
dieu a done vne vertu au cerf que de son sens il se reieuuist et vit si longue
ment que cest la plus vieille beste qui soit Et quant il est si vieil ql ne peut
plus sa nature luy donne de querre vne fourmilliere ou il a dessoubz vne
couleuure blanche si grate et espart ainsi quil a done au cerf ·x· cornes
pour soy deffendre tant la foumilliere ql a treuue puis la tue du piet R
transglotist toute en tiere puis sen fouyt en vng desert non habitable et
est ainsi come mort et gecte sa char R son cuir et de meure ieune come de
quatre ans ou cinq et ainsi se reieuuist le cerf et de moustre purgatoire
en se quil mue sa char A ceste similitude doit home soy reieuner et edi-
fier purgatoire Quant home a bien longuement vescu il doit aller querre
la couleuure a la foumilliere et la doit grate et despartir ientens pour
la fourmilliere les florins et les tresors que home a samble pourquoy il
le doit grater et despartir aux poures et rendre ce quil doit ·Et dessoubz il
trouue vne couleuure cest couuoitist la qlle il doit mettre soubz le pie R la
tuer et transgloutir cest que on doit paistre ceulx qui la donent manger
et doit fouyr de la foumilliere au desert non habitable ·Cest ce que home
doit fouyr de la fourmilliere au desert non habitable Cest que home doit fo
uyr le monde et ainsi gectera sa char Cest quant lame gectera le corps
hors dauecques soy et yra en purgatoire R a pres e vie pdurable ieune
de ·xxxij· ans ainsi vous ay moustre coment home doit prendre example
et doctrine a la nature et propriete du cerf·

L est contenu an liure darcherie coment le Roy modus dit a
ces apptatis que arc estoit vng baston et vng instrumet moult
proufitable tat pour soy deliter et deduire come pour le proufit
de sa deffence du corps Et leur dit q le premier home qui arc trouua eut
nom fermodus le quel eut vng filz qui eut nom triquin qui fut lemeilleur
archier q onceques feust Et tant aima larc et le mestier de traire quil
en feut larc et la maniere tat pour lapredre de son pere qui de modus la
uoit apprins come par la doctrine de modus quil auoit oupe Et fut si fer-
me de la main q a chcu trait il ostoit dug bougeo vne pome de dessus vn
basto de ·xxx· a fours de lomg Et ainsi come dit modus triquin nauoit
q huit ans quat fermodus son pere luy fist vng arc R luy eseigna tot larc

et la mãnier de traire aiſſi cõme il auoit retenu dr la doctrine dr mod⁹ mã
iz lez dr duiz q̃ on ppeut auoir du meſtier darcherie ne lui fut et mĩe mou
ſtres Sp dirõs cõmẽt setui modus ẽſeigna ſon filz du meſtier darcherie

Remierrnmẽt il ẽſeigna a ſon filz du meſtier darcherie neuf cho
ſez La pmiere ẽſeignemẽt fut q̃ la corde dr ſon arc fut dr ſoie v́
te ou aultre põ iñ cauſez la pmiere eſt q̃ la ſoie eſt ſi forte q̃lle dure ſãz tõ
pre q̃lle ne fait dr uulle aultr̃ choſe lautr̃ cauſe ſi eſt q̃ elle et bie aſſanble
elle eſt ſi ſãglãt q̃lle emitie vne ſaicte ou vnz bougõ plus long ꝝ ſi dõn
ne greigneur coup q̃ nulle aultr̃ corde ne fait la iñ cauſe ſi eſt q̃ on la peut
faire ſi groſſe cõme õ veult le ſecõd é ſeignmẽt darcherie ſi eſt q̃ ſe lõ veult
traire droit ꝝ q̃ la fleſche ou bougõ voiſe bie droit on lõ veult traire gr̃de q̃
tu mectraz ta ſaiecte é tõ arc ou bougõ q̃lle ſoit miſe é telle maniere q̃ lez
pẽnonz de ta ſaiecte coure de plat cõtre larc q̃ tu tireras car ſe lũ dr pẽnõz
feroit cõtre larc põ tãt cõme il y ſeroit vne boſſe elle niroit mie droit le ti
erz ẽſeignemẽt darcherie eſt q̃ on doit traire a trois dois ꝝ doit õ tenir la
coche de la fleche ẽtre le doy q̃ eſt éprez le pouſſe et lautr̃ déprez le car ẽſei
gnemẽt darcherie eſt q̃ ſi le fer q̃ eſt en la ſaiecte eſt legier q̃ lez pẽnõs di
celle ſoiẽt bas talliez et plus courz et ſi eſt peſant il douiẽt eſtre pl͂s hault
et pl͂s long le ·v ẽſeignemẽt darcherie eſt q̃ tu doiz ferrez ta ſaiecte en tel
le maniere q̃le bariel du fer reſpõde et ſoit en droit la couſche dr la ſaiecte
le ·vi enſeimẽt darcherie eſt q̃ la ſaiecte dr quoy tu tireraz doit auoir· x põ
nies dr long dr puiz la couſche de la ſaicte iucq au barbeaur du fero icelle
le vij enſeimẽt darcherie eſt q̃ arc dr droicte moyſõ doic auoir dr long en
tre la coche du bout dr hault iucq3 a celle du bouit dẽbaz xxiij põniez eſtro
item̃ẽt le ·vij enſeimẽt eſt q̃ q̃ tõ arc ſera tendu q̃l ait entre lar ꝝ la corde
plaine pame et deur dois eſcharſemẽt le ·viij enſeimẽt darcherie eſt q̃ tu
doiz tendre tõ arc a la mai deſtre ꝝ le tenir en la mai ſeneſtre ſe ſon les en
ſeimẽs q3 fet modus a pr̃it a triqn ſõ filz ſi vo⁹ dirõs cõmẽt modus enſei
na triqn ꝝ les autrez apr̃r̃atis des deduitz q̃ ſont au meſtier darcherie dr
q̃⁹ y mod⁹ fait vij chapitre· le pmier ſi eſt dr faire le buiſſõ aur arc le li eſt
dr tirer au tour le iij dr tr̃ a veue le iiij eſt dr tr̃ a aguet le v eſt dr tr̃ au ſeul
le vi eſt dr tr̃ aur ſuz a la veueë dez chãp3 le vij eſt dr tr̃ au lieurez au tr̃ſz·

Aprantis demãde cõment on doit faire les buissons aux ars
Modus respõd lõ fait les buissons aux ars e deux manieres
lune si est aux chiês lautre se fait aux gês amener a ce fait en
ceste maniere Quãt on veult faire vng buisson ou on cuide q̃ les bestes
demeurẽt lẽ regarde de quelle p̃ le vẽt vient pour eulx afuster Et se le pa
ys ou ilz se doiuẽt afuster est de clere fustee ilz doiuent estre afustes plus
lõg les vngz des aultres q̃lz ne doiuẽt quãt ilz se afutẽt en pais couueri
et doiuẽt aler chiês en deffenses et amener en sanble a doit on aller de
uãt acheual q̃ doit asseoir les archiers a deffences et doit cloure a tailler
le buisson en la maniere q̃ autre fois vo⁹ ay dit a faire les buissons pour
les noires bestes Et ainsi cõme on fait les haies de laz on doit faire haie
darchiers et est bon de faire tousiours crochier les archiers ou bout Et
ainsi cõme autre fois tauõs dit quant on cõmence a faire les buissons
on doit tousiours cõmẽcier au dessoubz du vent Et quãt archiers et deffẽ
ses serõ assis a le buisson sera clos õ doit laissier au buisson·b·chiens ou
troys selon se que le buisson est grãt Et doiuent ceulx qui sont es deffen
ses parler les vng auautres et faire noise affin q̃ les bestes ne passent
par my eulx Et se bestes viennent aux archiers cellup a qui la beste vi
endra doit estre de ceste contenance il doit mectre son arc au long de sop
et lamain de quop il tient la corde de son arc il la doit tenir deuant son
visage en tenãt sa corde et doit auoir les espaules serres et iointes cõ
tre son feust Et sil la beste viẽt tost sans get il doit tout en paix ces bras
elongner et doit cõmencer atirer son arc doulcement et q̃ il soit tout tire
auãt que la beste soit endroit lup Et doit estre son arc si aple et si doulx
quil se puise tenir tout entese longuement et cõuoier la beste tãt quelle
soit vng peu outre lup en asseãt sa main a entenamt son corps le plus
droit et sarre contre son feust quilz poura·Et doit tirer la corde de larc
droit a son oreille deste Et doit tirer la saiecte· Jusques au fer Et doit
aussi vng peu tenir son arc amezois et essaier sa main et laissier aller
Et se la beste vient a toy bien tost et elle soit vng peu loing de toy tu dois
tirer vng peu au deuãt ainsi cõme droit aux espaulles Mais puis que

vng beste bient pres tu dois asseoir ta main en my le coste au derriere des
espaulles Sy te diray les causes pourquoy tu dois laissier passer la bes
te qui te bient a fust auant que tu traies et quant elle bient tost et de lo
ing\pourquoy tu dois traire au deuant Tu dois scauoir q se la beste qui
bient a fust endroit toy et tu traies cest mal fait Et conte lart darcherie
pour Quatre causes La premiere est que se tu fiers la beste au trauers
elle ne moura mie si tost come celle qui sera ferue en pour suiuant La
seconde elle te fera vng sault endroit toy pour ce quelle te verra pour quoy
tu puras faillir La tierce la beste qui bient tost affuiant et si tost passee
si elle ne bient bien pres q l aduient soubuant faulte de fraper La quar
te celle qui bient de long est soubuant faillie a estre ferue q ne la prat au de
uant pour celle cause ba toit n puet estre passee auat que la sancte siegne
a luy q ne trait au deuat Or tay dictes les causes pour quoy on doit trai
re a la beste q biet a fust en poursuiuat au deuat Et si la beste aquoy il trait
est ferue il doit huer vng log mot pour auoir le braches q suit du sac q est
demoure ou les chies q sont demoure qui not pas brisee le buisson Et se
la beste est bie ferue n il doit quelle soit ferue pour tost morir il ne doit nul
mot sonner tant que le buisson soit brisie Et sil est .

brisie il doit huer pour auoir le brachet et doit suiure le brachet Et se elle
est ferue en telle maniere que mort briefue ne doiue ensuir on doit laiſ
ſer aller lez chiēs q̃ ſont dz arcz auecq̃s lôme d̃ cheual q̃ lez auoit afuſtez
Le quel doit ferir des eſperons apres · Sy vous deuiſerons cōment ou
peult ſauoir par le ſanc de la beſte ferue ſe elle eſt ferue pour tantoſt mo
rir ou nō Sy tu voys le ſang gros rouge et eſpes et vng peu eſcumeulx
ceſt ſigne quelle eſt ferue en bon lieu pour toſt morir Item ſe le ſancg
eſt cler et quil face vng peu de boullon ſans eſcume ceſt ſigne quelle eſt
ferue es otz ou en lieu quelle ne doit point morir Item ſe la beſte eſt fe
rue en la bouze ceſt la pance peu de ſaignant et bient auecques le ſang
de lerbe et de la biende que la beſte aura biendee Et quant elle eſt ferue
en tel lieu on la doit laiſſer repoſer grant temps auāt quon ſuiue le bra
chet pour deux cauſes La premiere ſi eſt que elle nalongne mye tant ·
La ſeconde que la ou elle a eſte refroidee elle demeure et ſe laiſſe che
oir Et adoncques ſe tu ſuis du brachet et elle ſe reſſault laiſſe aller deux
ſaiges chiens apres ſi la prendront a bon deſduyt · Sy vous deuiſerōs
les lieux ou les beſtes ſont ferue pour toſt morir ou pour loing ſouyr ·
Selle eſt ferue parmy les longues morte eſt en vne heure · Et ſelle

est ferue en leschine entre deux ioinctes elle chiet et tombe sans mourir et
celle est ferue parmy les gros costes en allant droit espaules morte se
ra briefment Et se le coup se trait a aller au derriere longuemēt fuyra
Et celle est ferue hault au derriere des espaules cest vng qui est appelle
lieu rastellier point ne mourra Et celle est ferue au derriere des espaules
bas endroit le coste mort souldaine ensuit Et celle est ferue au millieu
du col cest sans mourir et celle est ferue ētre le col et lespaule en cōtremōt
mort briefue sensuit Et celle est ferue a troys doys des espaulez au tra
uers le col cest parmy les entoires mort tātost sensuit Et celle est ferue
a'encontre entre deux espaules parmy les artz mort briefue ensuit · Et
celle est ferue au trauers les espaules tout oultre morte sera tantost\et
celle est ferue parmy le gros des fesses point ne meurt Et celle est ferue
parmy le plat des cuisses par les brons ou breōs morte est Et celle est
ferue entre deux cuisses bien pres du cul morte est Et celle est ferue par
my la gorge et au trauers et coppe le iargel morte est tantost·
Cy deuise cōmēt on brise les buissons a gēs sans chiens et la maniere
        Dous auons deuise cōment on brise les buissons que on fait
        aux arcs pour chiens si deuiserōs cōmēt il est fait a gens sans

chiens Quāt les archies sont a sustes ainsi cōme dist et dēmō
stre auōs Celluy qui a suste doit asseoir les ameneurs a trauers le buis
son et les doit faire crocher aux deux boutz et les doit asseoir dru au gect
dung pallet et doiuent tenir droit aux archiers thiflant en parlent lez
bngs es aultres Et ceulx qui sont es boutz qui sont croches doiuēt fai
re noise et eulx haster plus que les aultres Et sil y a beste serue du bra
chet ainsi que nous auous dit quil est au mestier darcherie necessaire da
uoir tousiours bng chien bien affaitie pour suiure le sancg le quel est ap
pelle brachet Et encores nous dirons aultres choses necessaires pour
le mestier Premieremēt tu doys scauoir q̄ arc de quoy archier doit trai
re a fust doit estre plus doulx et mointz fort q̄ ne doit estre celluy dequoy
on trait a beue pour troys causes La premiere si est que se larc est trop
fort il se conuient ployer pour le tirer si se fait eslongner de son fust et ai
si pourroit on estre teu de la beste qui vient aux fust Secondement il ne
pourroit longuemēt tenir son autois si larc estoit trop fort La tierce sil
ne peult asseoir sa main ne tenir ferme se larc est trop fort se sont les
causes pourquoy archiers qui traist a fust doyt estre maistre de son arc·
Encores y a aultre chose qui a bng bon archiers appartient· archier ne

doyt mye estre sans lime et doit tousiours faire les fers de ces saiectes ð
quoy il trait bien tranchans et bien affilees. Item archiers doit tous-
iours auoir vne corde en sa bourse ꝶ si doit estre vestu de vert ou ð couleur
q̇ ressemble a boys Et si doit auoir vng bõ brachet bie͂ saige ꝶ bie͂ affai-
ctie tellement que la beste est anche et que le brachet soit creu de la suite.

Ce second chappitre darcherie est cõment on met les bestes en
tour en deux manieres L'une si est a afuster les archiers qu-
ant on treuue les bestes au couuert du cheual L'autre manie-
re au couuert dune charrete\si vous dirons la maniere commẽt Quant
les archiers vont au boys pour trouuer les bestes ilz ne doiuent mener
que deux cheuaux au plus\la cause si est. que quant il y a grant foison de
cheuaulx les bestes attendent mauuaisemẽt et doiuẽt aller tous en sem-
ble au couuert de son cheual Et doiuent la beste querre en la haulte forest
et es cleres fustaies et doiuent aller le petit pas Et sil treuuent les bes-
tes ilz ne les doiuẽt mie trop approcher fors quilz les puissent tousiours
veoir se le pais est cler Et aller les deux cheuaulx lung deuant lautre bie͂
pres apres Et les archiers doiuent tous aller au couuert des deux che-
uaulx .et doiuent ainsi aller tous ensemble les arcz tandus asses loing
des bestes tant quil soient au dessoubz du vent des bestes Et quant ilz se
ront bie͂ apoint ilz doiuent chascun metre la saiecte en la corde de son arc
et celluy qui est de cheual qui les afuste doit dire a celluy qui vient\qui ð
meure et luy doit monstrer son fust et il doit demourer a son fust au cou-
uert des aultres et doit mettre son arc au loing de luy Et doit mettre la
main de quoy il tient la coche de sa saiecte deuaut son visaige bien pres e͂
tenãt tousiours la saiecte en la corde de larc Et doiuent auoir lueil droit
aux bestez\de telle cõtenance doiuent tous estre a leurs fustz Et celluy q̇
est a cheual qui les a fuste doit aller en tour les bestes asses lõguet et lez
doit ainsi a fustes asses pres apres ainsi cõme vng long get de pallet ꝶ
ou les archiers fauldrõt on doit asseoir les aultres qui nõt nulz arcz ou
cas q̇ lez archiers ne seroiẽt assis tout en tour les bestes Mais il doiuẽt
estre assis plus au descouuert et plus apparemẽt q̇ ne serõt lez archierz q̇
la seront Et quãt ilz sont mis au tour celluy q̇ est acheual q̇ lez assiet doit

retourner le chemin quil est tenu en aprochāt lez bestes Et quāt ilz sont
entre luy et les archiers il les doivent aprocher de sy pres quilz les bou
te sus\les archiers et sont qui nont nulz artz se doivēt monstrer a tous·
sir affin que les bestes voisent aux archiers et silz fierent vne beste ilz la
doivent suiure du bracket ainsi cōme nous auons dist La autre mani·
ere cōment on met les bestes entour a la charzete se fait ainsi on prent
vne roe de charzete neufue et est mise en bien menuees Cest adire en d
ux limons et quilz soiēt estroit esseulles affin quilz braient\car au bray
de la charzete mučent boulětiers les bestes Et si est vne des choses quō
puisse mener de quoy les bestes seffroient moins pource quilz les voyēt
aller et venir au boys pour les ventes Et fault que la charzete soit bien
enfoillotee de branches verdes affin que les archiers qui sa fuissent au
couuert de la charzete Ceste maniere de mettre les bestes au tour est mel
leure que lautre\mais que ce soit en pais ou on puisse mener charzete·

Aprentis demāde cōment le tiers chappitre darcherie se fait
Modus respond· Le tiers chappitre darcherie si est de traire
a veue et se fait en deux maniere Lune si est de traire a piet
Lautre si est de traire a cheual Celle qui se fait a traire a piet se fait ē
ceste maniere\il fault querre les bestes a piet par my la forest\larc en sa
main les saiectes a son coste Et fault que larc de quoy on trait a veue
a pie soit plus fort que celluy de quoy on trait a fust a cheual pour troys
causes La premiere si est quil fault traire de plus loing pour quoy ilz
fault traire de plus fort arc La seconde pource que larc est fort il fault
estandre les bras et baissier le corps et soy plongier en son arc· La ti
erce il ne fault mie tenir son arc en tais ainsi cōme a fust·et se lon treu
ue les bestes il fault tendre son arc et mettre sa saiecte en la corde et lez
aprocher de plus pres quon peut· Et son voit que lonsoit a point lon
doit traire et tirer son arc fort droit a loreille iusques au fer de la saiecte
et soy plonger en son arc et soy essaier sa main et laissier\et si la beste est
feruе larchier doit gecter ses brisees et doit aller querre le bracket en cer
tain lieu ou il le doit auoir laisse· Encore y a vne aultre maniere de trai·
re a piet qui est meilleure et plus cōuenable de quoy nous auons parle

et tr quoy les bestes seffroient moins Quãt aulcun qui scet la maniere
tetrouuer les bestes et de les approucher sagement est a cheual et lar
chier va apres luy et se tient bien pres de la queue du cheual Et quãt il
voit quil est biẽ apoit de traire et quil a la coste de la beste a quoy il veult
tirer il se doit arester et traire et celuy de cheual doit tousiour aller et par
ceste maniere attendent mieulx les bestes goust cest a dire le trait pour
cause quilz nuisent au cheual ꜩ attendent trop mieulx le cheual qui ne
sont lomme a pie sans cheual Lautre maniere de traire a veue a che
ualce fait en ceste ordonnãce larchier doit estre a cheual et doit auoir che
ual paisible et qui sarcrste quãt lenveult sans soy remuer ꜩ sil les treu
ne il doit tendre son arc lequel doit estre plus foible ꜩ plus aisie q celuy
de quoit on trait apie ꜩ doit metre la saiecte en la corde de larc ꜩ doit por
ter larc et la saiecte qui est en corde a la senestre main ꜩ gouuerner son
cheual a la dextre main et doit aller entourt les bestes le grant pas de
son cheual ꜩ les doit au premier trouuer dasses loing Et si on voit q les
bestes aient les testes leuees cest signe quilz ne soient mie bien asseu
rees pourquoy on ne les doit mie trop approcher tant quõ voie qlz met
tent les testes bas Et adoncques les doit on bien appeler en tournoi̊ t

f i

tout bellement Et quãt on voit quon est a wit a quon a le coste a la teste
a descouuert a asses pour traire a la dicte teste Adoncques on doit arre
ster son cheual et doit tirer son arc et que on soit arrester en telle manie
re que lon tire son arc par derriere soy non pas a trauers ne deuant soy
en soy apuiant sus so estrief senesttre lequel doit estre vng peu plus court
que lautre Et doit tirer bien fort iusques au fert de la saiette en assaiant
sa main au lieu ou il veult ferir la beste a doit tenir vng peu so arc encois
en essaiant sa main Et sil fiert la besteil doit aller querre le brachet aisi
come nous auons dit deuant ou len doit laisser courre deux sages chiés
qui mieulx la descõfirõt si elle est maul uaisemet ferue qlle ne demenre·

Aprantis demande cõmet le quart chapitre darcherie de tirer
a guet se fait modus respond lon peut traire a aguet en tou ↑
tes saisons en pais ou il a foisõ bestes doulces·Mais le tẽps
q̃ soit on lẽ peut mieulx traire a cerfs a aguet si est depuis la my aoust
iusques a la my septẽbre pour deux causes· La premiere si est car au
temps de iuing et de iulliet quilz sont en cueur de saison ilz sembouchẽt
si mati q̃ a paine les peut len voit a lueil Lautre cause si est q̃ a poine
les peult on voir a lueil· Lautre cause si est que apres la my aonst les
cerfs musent a quierẽt les biches et hurlent tellemẽt les vngz aux aul
tres quilz sõt ouys de biẽ loing et p celle cause se acculent·Le temps q̃
est plus couenable de traire a aguet Cest qt il bete fort et le tẽps est trou
ble souple et moite pour deux causes· La premiere si rst que bestes sõt
voulẽtiers sus piez par le temps moite· la secõde il ne bõiet mie si tost
larchier qui va traire a aguet pour le vent qui est si grant· Ité larchier
qui veul traire a aguet doit querre les bestes a pie biẽ matin ou a la rele
uee a heure que les bestes sont releuees et doit allez tout seul son arc en
sa main et doit aller cõtre le vent de voye en voye tout bellemẽt et doit al
ler les sentiers couuers pmy les forestz ou il cuide mieulx trouuer les
bestes Et sil voit cerfs ou beste a qui il vueille traire garde soy bien q̃ be
ste ne le voie car celle le voit son fait est depeschier il la doit approcher en
ceste maniere ou se doit couurir· Cest quon se mecte derriere vng buissõ
et tẽdre son arc et empougnier la saiette de quoy on veult traire auecqs

fon arc et fe mectre a genouly. Et quāt les bouffees de vent biennēt on
fe doit fouldre x prēdre garde fi la befte biāde et fi elle biande on la doit
auecque la bouffee de vent appaoucher et fe doit on trainer et cacher atre
terre x auoir toufionrs lueil a la befte quil pourfuit Et fe doit touf.ours
tenir au deffoubz du vēt x doit auoir en la bouche bng petit fueilla s vert
pour couurir fō bifaige x aifi doit approucher la befte a qui il veult traire
a aguet·et fi font deur cerfs qui hullent enfaimble tu les dois app pcher
tāt ome ilz fe combatront enfemble et aduiēt biē aulcune fois quō les
pourroit approucher par caufe de leur meflee tellemeut quō en pourroit
biē tuer vng dūg glaiue·Et adoncgs quāt on eft fi preft' q on ne deuroit
mie faillir et fe doit on tout bellemēt leuer au couuert du buiffō et trai
re x aulcunes fois aduiēt quō eft fi pres ql cōuient traire a vng genoil
et pource doit eftre larc de quoy on trait a aguet foible et court·Et fi doit
eftre veftu de la couleur du bois·Aultre maniere ya de traire a aguet·q
treuue cerfs ou beftes en haultes fultoies cleres on len ne fe puiffe cou·
uxir nullemēt quō ne foit veu de beftes bien loing

Sy ditons comment on peut approucher les cerfs en telle maniere
quon peut traire de bien preft quon prengne toille a telle quātice quon

puisse pãdze dessus bne bische· Et puis que la toille soit tẽdue a bastõs
ainsi cõme bng cheuallet a padzis et celluy qui le doit porter et qui doit
traire doit estre au dessoubz du bent et la doit porter tout bellemẽt le petit
pas en soy arrestant et doit auoir l'ueil aux bestes et regarder par oreil
lieres qui sont faictes cõme en bng cheual a padzis et sil boit q̃ les bes
tes ayent lez testes leuees il se doit arrester tout quoy tant quil boye q̃l
sopent hozs deffroy puis doit aprocher tout bellemẽt tãt quil soit si pzes
qui puisse bien apparceuoir que ce nest mye beste biue Adoncq̃s se doyt
mettre au couert des gros arbzes et aprocher d'abze en abze au couuert
de sa toille tant quil soit si pzes q̃l doit et puisse traire\et adoncq̃s doit a
puier sa toille si quelle se tiengne dzoite sans estre tenue\et se doit leuer
tout bellement et traire par dessus la toille Oz retiens la maniere que
ie tay monstrees de traire a aguet pour lesquelles on peult auoir de bõs
desduitz qui est en bon pais de bestes·

Cy deuise du deduit d'archerie

Apzantis demãde quel est le deduit en archerie de traire au su
el Le roy modus respond traire au suel est le quint chappitre
d'archerie ꝼ se fait en ceste maniere Et est le meilleur deduit q̃
bng seul archier puisse auoir La saison ou len doit traire au seul est de
puis la my octobze iusques a la fin de nouembze Et en ce teps qui scet
bng suel au pais ou les bestes noires demeurẽt cest a entẽdze bng ma
re ou il y ait eaue et boe\les bestes noires quãt ilz biẽnent de mãger elle
bont a ces mares pour boire et pour eulx soullier et bouter en la boe · Et
se on treuue bng sueil biẽ haulte des bestes et que le pais ꝼ le buissõ en
soit bien garny lõ doit fere sonfust sur le sueil en ceste maniere Regarde
bng arbze ou bng buissõ dzoictemẽt sus le sueil au plus pzest q̃ tu pour
ras et q̃ tu mettes ton sueil etre ton fust et la partie dont les bestes biẽ
gnẽt de mãger puis prent quatre fourches ainsi cõme bng siege sus quoy
tu te puisses seoir et quil soit de deux piez de hault· Si te dizay la cause
pourquoy il est fait ꝼ pourquoy on doit estre si hault·Tien fermement q̃
si les bestes noires sont pres de toy aual le bent ou cõtre le bent ia nau
ront la beue de toy puis que tu seras deux piez de hault sus la terre mais

filz font loing de ton fuft fi tu nauopes bõ vẽt au tenir ilz auroiẽt le vẽt
de top garde donc q̃ le vent viẽgne de deuers les mãgues quãt tu pras
a ton fuft Et auffi dois pãdregarde q̃ le tẽps foit biẽ efclarciet affin q̃
tu vopes bien cler entour top les deffuditez chofes gardees·va a tõ fuft
q̃ tu as fait au fuel et mõte hault fu le fiege ton acc en ta main et vne
bõne glãne de faiecte biẽ affilees et que tõ arc foit tendu a la faiecte en
enfche et bien guette et r̃garde ẽtour top a tu auras trefbõ defouit car
toutez manieres de beftes paffent voulentiers par deuant le fueil q̃ eft

bien hault a tueras de fipres cõme tu vouldras · Et efpeciallement aux
beftes noires q̃ encõtreront au fueil et fe toulleront deuant top

A pratis demãde quel eft le dcduit de traire a aguet a la rõe-
nue A ce refpond le rop modus et dit q̃ ceft vne maniere dac-
chiers qui fe fait a la lune auffi cõme fait traire au fueil a eft
le bi·chapitre darcherie Sy vous dirap cõmãt il fera fait Le temps
ou il fe fait mieulx eft au moys dauril a de map que lez beftes viãdent
aux champs fi doit on pãdre garde ou les beftes relieuent aux champs
et par ou il reuiennẽt au bo.s par aulcun deftroit cõme vne anglee et
que a couftumement reuiẽnment par vng pais adoncques p fait bon

f   ij

Sy te dirons cõment on fait les fuſtz Õn regarde les branches ou les
beſtes peuuent mieulx paſſer et fait en ſon fuſt au couſte de la breſche et
eſt la breſche laiſſee a ſeneſtre et deſcombre lon ſon fuſt par hault et par
bas que ſon arc ny acroche et ſil eſt trop deſcouuert lõ doit mettre deuãt
ſoy vne branche pour ſoy couurir et doit on faire tant de fuſtz cõme dar-
chiers Et quant les fuſt ſont fais ſe le vent eſt lon a quilz biennent des
champs droit aux loys et que la lune raie bien cler Adoncques doit ve
nir aux fuſt toy et tes compaignons deux heure ou troys deuãt le iour
et nalles mie a voz fuſtz pres des champs ou les beſtes doiuent eſtre re
leuees Mais alles parmy le loys ſi loing des champs que les beſtes
nayent point deffroy Et vous a fuſtes ſi en paix cõme vous pourres ãlz
ne vous oyent Et la vous tenes les arcs tendus bien doulcemet et vᵍ
verres les beſtes venir droit a vous le petit pas et tireres de ſi pres cõ
me vous vouldres En ceſte maniere fault faire a retenir dune baſſe tai
le et fault que la lune raie bien clere en ceſte maniere darcherie peut on
tuer moult de beſtes et auoir bon deſduit

Aprantis demande quel deduit ceſt en archerie que de traire
aux taſſes Le roy modus reſpond et dit que traire aux taſſez
eſt bon deduit qui eſt en bon pais de lieures ſi vous diray cõ-
ment on le fait La ſaiſon ou lon trait aux taſſes eſt au moys dauril q
les lieures relieuent es bles de haulte heure pource que les bles ſont ſi
hault quil ſe peuuent bien couurir Celluy qui veult traire le doit quer-
re a cheual ſon arc en ſa main et doit auoir de coſte luy vng varlet a pie
qui maine vng leurier ou deux au couſte de luy et ainſi doit querre les
bles et ſil voit le lieure il doit mettre les leuriers par deuers le lieure a
fin que le lieure ne les puiſſe veoir Et adoncques quant il les voit il ſe
tappit au ble et luy eſt aduis quil eſt bien mucie Adoncques alles tout
en tour en tenant en la ſeneſtre partie voſtre arc tendu et la ſaiecte en
corde et quant vous biedres pres de luy faictes les lieure aux leuriers
paſſeroultre et aprocher en tenant voſtre arc ſans arreſte voſtre cheual
Et ſachies que puis quil aura veu les leuriers il attendra le trait de
ſi pres comme il vouldra Larc de quoy on doit traire ne doit eſtre lõg

ne fort. Et qui veult traire sil nest a cheual il peult bien traire a piet en
allant apres le cheual et se peult bien arester pour traire. Mais quil
voyse tousiours bien pres du cheual tant quil veulle traire. Et sachiez
q̃ cest biẽ plaisant desduit en pais ou il ya foison de lieures. Mes amis
apprantis qui estes asses puissans de faire et maintenir les desduitz q̃
ie vous ay monstres veulles retenir et entẽdre ce que moy et racio vo⁹
auons baille tãt en parolle cõme en fait. Cest assauoir de la venerie des
dictes bestes de quoy les cinq sont dictes bestes doulces. Et les aultres
cinq beste puantes sur lesquelles Racio vous a donne aulcune doctrine
en especial et si la vous donnera en general. Et pourquoy les vnes sont
appellees bestes doulces et les aultres bestes puantes. Et ie entẽdray
a monstre a mes pouures apprantis aulcun desduit de peu de coust quilz
peuuent bien auoir et maintenir·

L'Apprantis demande a la Royne racio quelles sont les moralites et figures qui peuuent estre trouuees es ·x· bestes dont le roy modus nous a monstre toute la venerie et commãt on les chasse et prent a force de chiens. Respond la royne racio et dist que en

f iiij

ees dix bestez a cinq bestes qui sont appellees doulcez et cinq qui sont ap
pellees puantes. Les cinq q̄ sont appellees bestes doulces sont le cerf
la biche le dain le cheureul et le lieure a̱ sont appellees doulces pour·iij·
causes La premiere si est que celles ne bient nulle mauuaise senteur·
La seconde il ont poil de couleur amiable le quel est blanc ou saulue·
La tierce cause ilz ne sont mie bestes mordans cōme les aultres cinq
car il nont nulle dens dessus Et pour ces raisons peuuent estre appelle
es bestes doulces\pour les quelles causes on peult monstrer aulcunes
moralites et figures a lexemples des bōnes gens qui regnoient aux
temps de paix· Sy vous dirons cōment vous auez ouy ailleurs en cest
liure Lez proprietes qui sont au cerf dequoy le dix branches quila sur
son chief luy furent donnees de dieu nostre seigneur pour soy deffendre
de troys ennemis Cest des gēs des chiēs et des loups Entre lesquelz
commandemans dieu se mostra cruciffie sur la teste du cerf a saint eus/
tace Le quel se couertit pour soy mirer en ce precieulx mirouer cōme
vous poues cy figure Sy peult bien ceste beste estre aproprie et figure
aux gēs desglise car les dix doytz qui sont es mais des prestres r̄presen
tēt les dix cōmādemēs entre lesquelx nostre seigneur est bui et regarde

hault sus leurs testes\dieu quel mirouer en quoy toute nostre loy et nê
foy et tout nostre saulucmêt despend et pource estoiêt les gens desglise
ancienemêt apelles mirouers du mõde\tant pour les bônes oeuures
q̃ã estoiêt veues en eulx cõme p les dignes polles de quoy ilz cõsacro-
yêt et fasoient le vray mirouer cest le precieux corps de nostre seigneur
Cest grât noblesse q̃ dieu dõna a hõme quãt il voult que par sa parolle le
pain fut cõuerty en char et le vin en sang\de quoy nostre seigneur crea
teur est cõsacre q̃l nous mõstre entre les mais et de celle bône noblesse
soubuenoit aux bõs preudõmes du tãps passe qui se tenoiêt nectement
et castemêt et gardoiêt les cõmãdemens de dieu et les auoient en teste
tant clers cõme laiz tellemêt q̃ dieu estoit tousiours entre eulx aisi cõme
vous le voyes entre les cornes du cerfz enclos des cõmãdemés de dieu

Cest le premier commandement	Garde toy de prandre lautruy
Que damer dieu parfaictement	Sy nestoit loyaullement deleruy
Et si honore pere et mere	Celluy doit bien estre mary
Que ton ame ne le compere	Qui soutrait la femme a aultruy
Et si ne fais rien a aultruy .	Omicide ne seras inye
Que tu ne preisses pour ty	Ton ame en pardroit la vie
Tu ne feroies pas que saige	Aux grans festes dieu seruiras
De porter nul saulx tesmõnaige	Et de labeur riens ne feras
Grant follie fait de certain	Garde que des biens de lesglise
Qui iure le nom de dieu en vain	Ne seuffre riens en nulle guise

Encores a le cerfz aultre propriete ou il vit plus longuemêr que nullé
aultre beste et la cause si est\pource quil ce raiouist quãt il est viel ainsy
cõme alleurs lauons monstre Et ainsy fasoient les bõs preudommes
de lors qui viuoient plus longuemêt que ceulx du tãps pñt̃ et alonguis-
soient leurs vies par les bonnes oeuures q̃z fasoient il alloient en vie
pourable Jtê le cerf et les aultre beste doulces ont de leur nature et cõ
diciõ les testes haultes leuees aussy auoiêt les gês de lors ilz auoiêt les
teste leuees et le cueur et la pãssee haulte au createur et ostoient leurs
affections des choses terriennes Or deons des aultres deux bestes qui
sont de la cõpaignie du cerf la bi

chx et le lieure\le nom de bichx est nom de chose simple et de petit sens le
lieure est une beste qui vouletiers est aux champs et y demeure et gist
Ces deux bestes peuuent bien estres figurees a lexemple du tierz estat
se sont les gens de labeur qui labeuret ce de quoy les aultres biuent·
Lequelx esteient au bons tamps gens loyaux et sans malice et creo/
yent dieu plainement si come il leur estoit dist ↄ ne mettoient mye leur
plaisance a faire sorcerie ne carraux·

R vous dirons des aultres cinq bestes qui sont dictes puan
tes et sont ainsi appellees pource ꝗ la senteur qui vient deux
est forte et puante\lesquelles ont cõdicions samblables aux
gens qui maitenant sont en ce monde Sy dirons premieremẽt les ꝓ
prietes et cõdicions du sangler et aussi come le cerfz est gregneur des
bestes doulces\ainsiy est le sangler des bestes puantes Le quel a·x· ꝓ
prietes qui repntent les dix cõmandemãs de la loy antecrist\la quelle
loy il cõmandra estre gardee a ceulx qui bueulent bler de sa doctrine·
Et par ces cõdicions silz sont gardees seront ilz hors de foy et desperã/
ce et dauoir pur euader aux biens qui peuuent ensuir de la grace du ꝑ
re du filz et du saint esperit Lesquelx cõmãdemõs issent de la gueulle
au sangler sicõme il appert par figure pource que ces cõdicions figurẽt
ceulx qui tiennent la loy et les cõmandemans antecrist·

De la propriete du sangler·

A premiere propriete qui est du sangler·Est quil est noir et
herisse Ainsiy puis ie dire que gẽs qui par leur pesche pardẽt
la lumiere qui est espirituelle Et ont fichez leurs cueurs es
choses terriennes sont noirs herissies et tenebreux et de ceste condiciõ
sont moult de gens qui regneut au tãps present Car leurs pensees ter
restes occupent les lumieres espirituelles\pourquoy ie puis dyre que
telz gens sont noirs et herissies et horribles comme le sangler·La se/
conde propriete du sangler est quil est fol et preux et ceste cõdicion sont
moult de gens en ce mõde ou il nya ne charite ne humilite\ains sont
plains de vices et de peches et en tieulx acciens est entretenue pre ↄ se
lonie Pourquoy charite ↄ humilite sont destruitz ꝗ engẽdrẽt tout le biẽ

Cest mon premier cōmandemēt   Sy tu nas du tien prās daultruy
Que on maugrie dieu souuent   Sans riens randre aissy loctrop
stay a ton corps tous les delis   Sr ton pere te fait riote
Il nest point daultre paradis   Sy luy mect sus quil redoubte
Uisite souuent mon houstel   En lieu du seruice diuin
Cest la tauerne et le bordel   ffault gicter afart sur le bin
Se tu veulx estre ē ma memoire   Se croitas sors et sorceries
Sy ta suble de vaine gloire   Tes voulentes sont acomplies
Desprise du tout pouure gens   Se tu as deffaulte de mise
Et nayme riens q̄ or et argent   Sy te prans aux biens de lesglise

La tierce propriete qui est au sanglier est quil est orguilleux et par
son orgueil il recoit la mort quil ne daigne fuire deuant les chiēs\ains
les attend parquoy il est occis et tue. Ainsi est il des gēs qui sont a pnt
qui sont orguilleux quilz attendēt les deables et ne se veullēt confesser
Et les deables leur courrēt sus qui les chassent et les demainent tel-
lement de peche en peche quilz sont occis et mors de la mort espirituelle
par leur orgueil La quarte propriete du sangler est quil est grant ba
tailleur et court sus ligierement aux gēs a chiens a cheuaulx quant il
est eschauffe Pourquoy il pourchasse sa mort Ainssy est il des gēs q̄ sont
en ce mōde Car il sont si plains dire et si vuides de raison que pour peti
te occasion courrent sus les vngz aux aultres parquoy mort ensuit sou
uēt La quinte propriete du sangler est quil est ariue de deux dens qui
sont en sa gueulle qui sont samblables de la fasson au cousteau quō por
te maintenant qui est appelle et nōme dague de quoy il se cōbate Et ai
si fōt les gēs q̄ sont batailleurs · porte telz cousteaux de quoy il fierēt et
se cōbatent legierement quant il partēt de la tauarne en lieu de grace
La vi · propriete du sangler est quil a tousiours la teste en terre ainssy
ont les gēs du tamps pnt Car il ont si leur cueur et leurs pensees fiche
es es choses mōdaines q̄ du tout ont oblie les choses espirituelles a ne
regraciēt poit dieu de biē q̄ leur biengne La vij · propriete q̄ est du san
gler est qui foulle tousiours en tere aussy font les gēs du tāps present
qui foullent et quierent les choses mondaines et les delices du mōde ·

Cõme bõ bins bõne viãdrs cõnoitiſes délices de char a cuidět ql ne ſoit
autre padis La viij· pprieté du ſanglier eſt q̃ ſe toulle volětiers en la
boe et auſſi font les gẽs q a pñt ſont Car q̃t il ont euz et receuz des biẽs
mõdains et des delitz a leur volěte ilz né louět ne regraciét poit celluy
dont tout leur viět Mais le mettět et éploiět au ſeruice de antecriſt q̃
neſt q̃ ordure ou ilz ſe toullièt et ventroullět La ix· pprieté du ſangli
er ſi eſt q ces pietz deuãt et derriere ſont la pigace Ceſt q lũg orteil paſ
ſe lault re\a tieux ſont les orticulx des gẽs q auiourduy ſont Car il font
ortielx de bourre qui paſſeut temp piet les orteulx de nature et tieulx or
tieulx ſappellēt poulleines\ceſt la faſſon des pietz de antecriſt Et auec
ques ce ilz font poitrine de cottõ il mõſtre q̃ dieu quãt il forma lõme ne
le fiſt mie cõme il deuſt auoir fait\ne le meſureur q̃ prinſt nře forme ne
ſceut q̃l fiſt quãt il nõt la pouleine Iceulx gẽs q̃ ce font daultre faſſon q̃
dieu ne les forma ſont des diſciples antecriſt La x· pprieté qui eſt au
ſagler eſt que quãt il a partout foulle et mẽge et touille a il ſe veult repo
ſer il fait ſon lit en terre biẽ pfõt· Ceſte pprieté cy demõſtre la fi car q̃t
hõe a eſte en ce mõde vng peu de tẽps et il ſeet toulle et veult rouller es
vaines gloires a délices de ce mõde il fault q̃ le corps ſoit mis en terre
biẽ pfõt pour ſoy époſer aueeq̃s les vers q̃ le mẽgerõt· La pouure ame
yra en la gloire de lãtecriſt ou nul moyẽ ne peult eſtre trouue Car du
tout il fault laiſſer la loy ãtecriſt a tenir la loy ihūcriſt q̃ veult auoir la
ioye pardurable· Et pour veoir comment ilz ſont contraires La ioye
pardurable qui viět de ihūcriſt eſt euoye aueeq̃s lumiere reſplendiſant
a tous deſirs accõpliſſãt Et nul q̃ ſceut dire ne paſer la grãt ioye qui vi
ent de luy· La ioye qui viět de la loy ãtecriſt eſt de gemir de crier de
plourer en tenebres en ire a en gemiſſemět ſãs auoir iamais mienx en
ce mõde· En la maiſou de noſtreſeigneur ihūucriſt ſont faitz de beaulx
et de bons miracles· Samaiſon eſt la ſaincte egliſe car ceulx qui gou
te ne veoient ſilz vont en bou et ferme propos bonne et vraye intention
et bonne et vraye deuotion en leſgliſe en bonne deuotion ilz ſen võt en
lumieres et q̃t ceulx qui noient ſen partēt ilz opět bien clere a ceulx qui
ne peuuět aller en prět ilz ſen võt tout droit· antecriſt fait les miracles

en sa maison tout au côtraire La maison antkecrist est la tauerne quāt
ceulx qui voient bien cler et ilz biennēt il sen vont aueugles·quant ce-
ulx bien vont en issent ilz ne peuuent aller·quant ceulx qui bien pllēt
en issent il ne peuuent parller En la tauarne sont faictes les meslees
Et en lesglise sont faictes lez paix\on va a lesglise pour aourer Et en la
tauarne pour malgrier Ceulx qui ont pardu le sens le recouurent en les
glise Ceulx qui sont saiges et de bonne memoire sont fors a desordonnes
au partir de la tauarne·Ainsi sont contraires les euures de antecriste
aux ouures de ihesucrist·

O R vous auous monstre les cōdicions a proprietes qui sont au
sanglier qui representēt les dix cōmandemens de antkecrist
si vous dirons les condiciōs et proprietes des aultres quatre
bestes Et cōmancerons a la truie La truie a moult de cōdicions a de
proprietez samblables a celles du sanglier fors que tant qlle est praīt
chascun an de vij· pourceaux ou de plus Et communemēt naissent au
moys de mars Et quāt ilz sont netz ilz la suiuēt de pres et elle les nou
rist et alete et se couche a terre pour les faire teter Et tant cōme ilz la
suiuent il nest riens si felon ne si mordāt cōme elle est Jentēs p ceste
truie les gēs qui sont en ce pñt mōde qui sont praīn chascun an de sept
pourceaux ou de plus Se sont les sept peches mortelz et de leurs bran-
ches de quoy ilz sont enfles et si plains ql ne peuuēt aller es lieux ou di
eu est aoure et serui et encores font pis que la truie car elle ne porte ces
pourceaux q quatre moys ou cinq Et cōmunemēt lōme porte ces pechez
vng an cest de lung mars a laultre et faonne et les met hors en mars
au plus pres de pasques quil puelt lesquieulx pechez ne le peulēt laissier
pour sa mauuaise acoustumāce ains le suiuēt de si pres q quāt il se cou-
che a terre ilz le viennēt teter et alaicter\cest a entēdre ql couche sa pen
see et sa voulēte es choses mōdaines\pour quoy il nourist en soy tous
peches to⁹ vices q le font aller en la gloire de antkecrist cest ou parfont
puis denfer· Apres vous dirons quelles sont les condicions et pro-
priete qui sont ou loup la condiciō du loup est que de sa nature ilz des
truit les berbis Je entens par les loups

ceulx qui ont les biés de saicte eglise qui ont la cure des ames q̃ deusset
estre pasturees et ilz sont loups ientens des brebis les bones gẽs qui
sõt soubz eulx et en leur gouuernemẽt et q̃ demeurẽt en leurs parroisses
esquieulx il a peu de cens et de raisõ qui deoiẽt en leurs prestes tant de
bices quilz en sont destruis en ames et en corps pour les mauluais exẽ
ples quilz deoiẽt en eulx · Et ecores pour mieulx mõstrer quilz sõt maul
uais pasteurs et quilz peuuẽt estre appellez loups il en ya moult q̃ prẽ
nẽt les brebis quilz deussent garder a sen aidẽt et les tuẽt · Cest q̃lz prẽ
nent leurs parrossis et les tuent biẽ quãt ilz les tiennent en pecte mor
tel encores ont les loups vne ppriete car q̃t il õt tout le iour chemine et
tournoye pour mal faire et ilz biennent au despre ilz hullent et sassem
blent et est grãt erreur et laide chose et effree de les ouyr huller a puis
se despartent et vont les vngs dune part et les aultres daultre aisi võt
les mauuais pasteursprestres qui cheminent tout le iour es lieux disso
lus et laissent les brebis et vont en la tauerne · Et quãt il est despre ilz
vont en saincte eglise saoulz et pures et sassemblent et fõt vne grãt hul
lerie en disãt despres tellemẽt que chũn se mocq deulx a est terrible cho
se a escouter · Certainement les prelaz respõdrõt de ce q̃lz mettent lõps
a garder les brebis en lieu de pasteur lõ ne pourroit deoir ne penser pl⁹
horrible chose ne plus mauuaise en ce mõde q̃ de deoir celui qui est si di
gne entre les aultres quil peuuent sacre le corps et bler de nr̃eseigneur
et a fait et non de loup cest grant peril quant le loup tient laignel entre
ses mains ·

Dus vous auõs parler du loup et de ses aditiõs si vous dirõs
les aditiõs et pprietez du regnard Regnard est vne beste de
petite stature et le poil roux et a la queue lõgue et moussue et a
mauuaise philozomie car il a le bisaige gresle et agu et les peulx enfon
ces et parfons et persans et oreilles petites droictes et agues et est de
cepuãt et plai de barat sus toutes bestes du mõde · Et pour q̃rre sa bie
fait moult de malices il se mect en places la ou il scet q̃l ya gregneur
haut de corneilles et de pies et la se couche tout plat et la trait la lãgue

la lãgue ꝝ fait le mozt Et tantoſt que les oyſeaulx le voient ilz le regat
dent et cuident quil ſoit mozt ꝝ ſapꝑchent de luy pour le mẽgeꝛ ꝝ quant
ilz ſont ſi pres que il peut attendzeſi en prent vng ꝝ le mengeuſt Et aiſi
fõt moult de gens en ce mõde qui quierẽt leurs vies par telles cautel⸗
les et tout aux egliſes ou ilz ſaſſemblẽt plus de gẽs et en la greigneur
preſſe ilz ſe laiſſent cheoir cõme ſilz fuſſent mozs et traiẽt la lãgue ꝝ leur
ſault leſcume de la gueulle et fõt accro ce quilz ſõt mallades du mal ſaiĉt
iehan pour auoir et ſoubztraire largẽt des gẽs · Telles gens ſõt larrõs
de dieu qui quierẽt leur vies par telles malices et decepuemẽs de gẽs·
Regnard par ſa nature et cõdition eſt decepuãt plain de malice ingeni
eux couuoiteux rappineuꝛ parfait en toute mauuaiſtie le regnard a par
tout le mõde ſa queue trainnee ſes cõditiõs ont eſte et ſont ſi plaiſãs au
mõde que le plus des gẽs vſent de ſa doctrine· Je croy ꝗl a eſte lecteur
es ozdres des trois eſtas·Car clercs nobles gẽs de labeur vſent de ſa do
ctrine·Je ne dis mye tous mais le plus aduocas de court deſgliſe· Et
auſſi de court laye ſont parfaitz en la ſcience·Regnard eſt en liſent tous
les iours en ordõnãce Et cõbie que offices royaulx et cathedreaulx ayẽt
eſte gouuernees par la doctrine Regnard ne vault il oncques accepter
nul office ꝗ vne ſi cõme il vous ſera diſt es cõditiõs ꝝ pprietez du loutre·

E loutre eſt vne beſte qui ſe viſt de poiſſon ꝝ a le cozps vng peu
greigneur ꝗ le goupil et eſt pl⁹ gros et plat et les iãbes cour⸗
tes la queue lõgue et groſſe et ſagreliſt en allãt vers le bout et
a le poil court et vuide coleur noire eſlendzee Et de ſa cõditiõ et nature il
noe entre deux eaues et peſche tous les biuies et prant le poiſſon de ceſte
coudition a moult de gens en ce mõde qui noent entre deux eaues ce ſont
flateurs et flatereſſes qui dient mal daultruy a leurs ſeigneurs quant
il ſceuẽt ꝗ leurs ſeigneurs les hait et a celuy blaſment leur ſeigneur ꝗt
ilz ſõt appziuez ꝝ deues ſauoir que tieulx manieres de gẽs peſchent ſoubz
les riues·Et premiere mẽt le poiſſo ceſt qui ſoubtiẽt les biẽs de leur ſei⸗
gneur par flater et lomber·Encor es ſont aultre maniere de gens ꝗ no⸗
ent entre deux pauꝛ ce ſont ceulx ꝗ ne vueillẽt aider ne cõforter ceulx a ꝗ
ilz ſõt tenuz pour doubte de ceulx a ꝗ ilz out affaire ainſ regardẽt demaine

ce font gens de mauuaife condition · Oz vous ditons côment le leutre
& le regnart bouldzêt auoir office royal·le loutre eft moult office royal
le loutre eft moult fubtille befte pour pzendze et decepuoir le poiffon de
quoy il fe bit Et fes maifons ou il demeure fôt terriers qui fôt a lêtree
des riuieres et des eaues fi aduint vng iour que le regnard alloit le ri
uage dune riuiere querre richard le mulot a q il auoit a befoignet fi tro
ua vng terrier et cuida que ce fut la maifô a vng de fes parês fi fe bou
te dedens et treuue le leutre qui tenoit vng grant poiffon ha fait le leu
tre Regnard bien biênât veez cy pzoua mêger pour vous et pour moy
he mon dieu fait le regnard moy ny mes enceftres ne mengeafmes ia
mais poiffondequoy viues doncques dift le leutre· Ie bis dift le re-
gnard de gelines et de pouffins de lapereaulx et de counys et de toutes
manieres de beftes et de oyfeaulx que ie puis pzandze et happer · Com-
mêt ofestvous pzândre bichat pour fa mere Ve mô dieu dift le regnard
quant ie treuue ou la biche a a frionne ie vis au defoubz du vent et me
couche et me traine tant que ie biens fi pzes que ie puis biê veoir qlle
neft mie auecques fon faon et ie mauâce haftiuement et leftrangle au
plus touft que ie puis et le laiffe tant que ie voit quelle la du tout laiffe
puis le reuien querre·Et ainfi par fubtilles voyes pranet decoy mai
tes beftes et oyfeaulx de quoy ie me bis· Va fait le loutre y ail en ce
bois nulz de tes compaignons qui mengeuffent et qui te puiffent nuy
re· Oupl fait le regnard il y eft le loup le taiffon le chat la martre le
putoes fes beftes que ie vous ay nômees fe biuêt toutes de chair et de
ce quelles fe peuuent pzandre et happer·Et toy fait le regnard dequel
poiffon bis tu Ie me bis fait le loutre delues de carpes de brauies dan-
guilles et de tout poiffon de eaue doulce ·et comment les puiz tu pzândre
dift le regnard qui bôt plus toft parmy leaue que tu ne faiz·Vraymêt
dift la loutre quât ie bueil bien pefchier et pzândre le bon poiffon ie vois en
bng efta ng biê gatny et me metz dedans et noe parmy a la fleur de le-
auue et batz leauue de ma queue par tout et les poiffôs fuict et fen bôt
es riuages Et adoncques ie vois entre deux eauues nouant felon les
riues tout en paix et quant ie treuue le poiffon ie le pzent biê aife foubz

la riue et auffi côme tu mas demander dift le regnart ya il nul qui te
nuife qui mengue ne praingue poiffon Oil fait le loutre il eft le rofe/
rul le cormozant le heron la pouche le guefpier le martinet qui tous pef
chent et biuent de poiffon.

Uant le regnard eut ouy parler le loutre et il eut entēdu de
fa bie et de fon eftat fi luy dift Loutre fait le regnard tu fcez
bien que iay renon fur tous aultre de prandze et enguigner
toutes beftes et tous oyfeaux et tu as le nom de prādze et enguigner
tous poiffons par deuant tous aultres Se tu beulx eftre mon alie no'
ferons riches et aifes par deffus tous et aurons office la ꝗlle nous ap
partient Sur laquelle office nul ne regnera ne ne nous reprandza ꝗl
que chofe que nous faifons ne dirons brayment fe dift le loutre ie fuis
de ton accozd et ie feray tandis\regnard que toy x moy ferōs maiftrez
des eauue et des forestz Et tu feras tant que ceulx que tu as nōmez ꝗ
pefchent et mengeuffent poiffon feront tes fergens et prandzont les fil
les qui auront petite maille et feront mangie du rofereul et prādza le
poiffon et donra iour au pefcheurs Et ie feray du loup ferget dengereux
que fi treuue bel berbis monton ne pozcel pres du boys il les chaffera
dedans puis les prandza côme forfais Et ainfi nous aurons des amē
des des prefens et aurons char et poiffon a plante et bauldrōs a ceulx
qui feront pńs et nuirons aux aultres Tu as ouy dire bng prouerbe ꝗ
eft bon faylcun ne donne lon luy toult fe nous nauōs que torfais et lez
prefens perdus fi feriōs nous riches Côment dift le loutre pourras tu
pourchaffer ceft office Ha dift le regnard il neft rien que on ne face p
comperes et par cōmeres nous fommes tant de la côftarie faint fauf/
fet ꝗl ne peult eftre ꝗ noftre befongne ne foit faicte Et fi nya gregneur
au monde qui nait en tour luy de mes amis et qui bfent de ma doctrine
Ainffy deuindzent et furent maiftres des eauues et forestz le regnard
et le loutre et ont efte par fi long temps quil neft memoire du côntrai
re Celluy peult bien deduenir regnard quant nul fur fon fait na regard

Uant ratio oft fine fon côpte des beftes defquelles elle auoit
moralife le roy modus cōmenfa a parler a poures non puif/

fans dauoir chiens et filles pour mener les deduis telz côme treuile a/
uoit et dit Ceulx qui ne font mie puiffans dauoir chiens peuuent bien
prandre beftes a peu de filles fans chiens ou fans filles en aulcune ma
niere a donc vint a luy vng pouure hôme a luy dift Sire ie demeure au
pres vne foreftz fi me fait trop grant dommaige vng fangler qui bient
en mes iardins et mengue mes frutaiges bueilles moy enfeigner cô
mant ie le pourray prandre Modus refpond et dift fe tu bueulx prandre
tel fangler qui eft amors amégier tes pommes qui font a terre\il fault
que tu luy donnes vne gerbe dauaine ou de beffe a mengier et fi la men
gue fi ne luy donne rien iufques aufecond iour que tu luy feras vne tra
muee dune gerbedauoine ou de beffe Et les prandras iufques a vng
lieu couuert et fecret ou tu mettras la gerbe et illecques luy donneras
a menger de deux iours en deux iours beffe aduoine ou pois du quel que
tu berras quil mengera mieulx Et quant il fera bien amoiffe et defduit
de benir menger en ce lieu fay paulx ptieulx côme de haye et les fiches
de rene a plain pie lung de lautre a vng defcouftes du lieu ou tu luy dô/
nes a menger et que celle ronge ait biij·ou ix·piez de long et a lautre
coufte endroit celle rôge en feras vne aultre autelle et aura entre deux

ranges Et la laisse dune voye de charzette et doiuent estre les deux ran
ges de paulx traillier de verges côme vne clope et ne doiuent estre que
deux piez de hault Et au deux boutz des ranges feras deux passeurs q̃
nauront chascun que plaine paulme de hault et entre ces deux ranges
mettras ce que tu luy donneras a mengier Et chascune fois quil aura
mange tu haufferas tes deux passeurs affin quil faille quant il vouldra
entrer dedans les ranges pour mengier\adoncques quant il sera en
tre en saillant vne fois ou deux dedans les ranges fay vne fosse par de
dans les ranges auffi longue côme les ranges a plaine paulme des
ranges et des boutz et la terre qui sera oftee et mise en vng pennier sy
côme on le fera et soit portee loing dilec et soit faicte vne fosse si parfon
de que le sanglier ne puisse yssir de hors si tombe dedans puis prês des
verges et les metz au trauers la fosse tellement qui puissent souftenir
la gerbe de vesse oudauoine et la fay en telle maniere que quant il saul
dra par deffus le passeur que tout fonde soubz luy ꝗ quil tombe en la fos
se \ainsy le pourras prandre sans chiens et sans fille

Ng aultre pouure homme qui na chiens ne fille demâde Cô
ment il se pourra cheuir des loups de quoy il ya tant en son pa
ys qui luy deftruiet toutes les bestes Modus respond ie te a
prandray côment tu occiras tous les loups qui son en ton pays Quât
viendra a la fin de feurier que lez loups partêt de la geftoire lesquieulx
font afamez regarde le bois qui soit ou pais ou les loups hantent et cô
uerfent plus en ycelluy bois fay vne traiuee dune beste nouuellemêt
morte Cest a entendre que tu prengnes dicelle beste vne cuisse ou vne
espaulle et la traine parmy le boys de voye en voye et parmy les car
reffours et la retrainer en la place ou bois ou tu laissas la beste morte.
Et gardez que tu aies grant foison esguilles qui soient poinctues et af
fillees aux deux boutz et chascune doit auoir deux poiffees et en prens
deux et les mect cofte acofte et les lie par le milieu dun fil de soye de la
queue dun cheual laschemêt que tu les puisses torde lune côtre lautre.
Et quant il feront bien torffes si les remetz cofte a cofte Et les boute en
vng morcel de char et que le morcel ne soit mye si grant que le loup ne

g ij

le puiſſe tranſglotir Et ainſi feras grant foiſon de tieulx morceaulx ou
tu mectras les eſguilles en telle maniere Et mectras les morceaulx
ſur la beſte Et quāt le loup viēdra il tranſgloutera pceulx morceaulx.
Et quāt la char ſera vlee et diminuee dedās le corps les eſguilles ſe de
ſourdrōt et pſerōt tous les topaux et ſerōt trouues les loups mors par
tout par my le bois

Ng poure hōme demāde au roy modus cōmēt on pourroit prē
dre cheureulx qui eſtoiēt en la foreſtz en pres ſa maiſon & luy
mēgoiēt toutes les antes et deſrōpoiēt et faiſoiēt grāt dōmai
ge et naũoit chies ne filles a quoy il les peult prādre Modus reſpond
et diſt que cheureulx eſtoiēt beſtes qui voulētiers demouroiēt en vng pa
is et pouuoiēt biē eſtre prins en maites manieres Leſquelles il auoit
declarees en ſon liure\mais ie mectray cy vne maniere ſubſtille pour
les poures et a peu de couſt qui de ſon liure a eſtraicte ceſt de les prādre a
la morſe et vous diray cōmēt Et pource q̃ les feulles ſont tōbees des ar
bres et q̃ les beſtes ſont mortes de fain dōner leur a mēgerou pays ou
il demeurēt Et regarde vne place ou tō trabuchet q̃ tu tēdras en la ma
niere q̃l eſt cy deuiſe et de mōſtre Et q̃ tō trabuchet ſoit cloux de bois par

par derriere en telle maniere que le cheureul qui biendra pour menger
boise par lentree du trebuchet er leur donneras a mengier aduoine ou

bif de pomier auoine en gerbe Et tant plus sera froit de nege ou de gla
ce et plus boulentiers biedront a la morsse Et quant ilz seront bien acou
stumes a benir mangier et en celle place tu tendras ton toberel le quel
descendra tout parluy quant le cheureul tirera a la biande que tu luy au
ra donnee Sy te diray coment tu le tedras et coment il est fait lon prent
bne longue berge de couldre bone et forte et est ploye en la maniere qil
est demonstre cy en figure Et le fille est le plus delie quon peult fors qlz
puisse tenir le cheureul et est de plus q de nul alieure\et doit estre si grat
en ront point come toute lestandue de la berge du toberel si doit estre p
font ou millieu et doit on medtre en bne delie corde mais qlle soit si for
te qlle puisse soustenir le tirel que le cheureul fera quant il sera prins Et
doit on medtre en bng latz a certz fors ql ny aura que bng maistre ou
quel aura vne bermeilliere come en bng cheuestre et la medte du fillet
quant il sera bien ouuert sera atache a la berge du toberel bien foible
fors quil puisse soustenir le fillet a porter par dessus le cheureul et lautre

g iij

moitie du fillet sera dedans la forme ou tout le fillet et sera auecques la
verge ploie du toberel en quoy le fillet est atache et sera tout se en la for
me qui sera parfonde q̃ nul ne le pourra aparceuoir quant tout sera cou
uert derbe et de feulles Et quãt le cheureul sera couuert du fillet a la for
cier quil sera le fil a quoy le fillet est ate che rompra et le fillet se clora et
se tirera le toberel sera a vne grande perche cõme vne perche de charre
te qui sera tiree a poulies si cõme il demonstre a la figure Quãt le che-
ureul tirera a la biande quon luy aura donnee et pour mieulx scauoir il
te sera plus a plain declare ou liure des oyseaux de la raiz qui se destend
de luy mesmes quãt loisel sauuaige prẽt le coulõ se prẽt de luy mesmes

Uant le roy modus ost mõstre et deuise cõment pouure gẽs
peuuent prãdre lieures et les manieres aparqueter cõme a
plumeter et aultrement vng pouure hõme qui nauoit qum re-
seul luy demãda si pourroit prãdre le lieure a son reseul Modus respõd
ie ta prandray dit il cõment tu prandras a ton reseul grant foison de li
eures ou mois de may ou de iung que les bles sont grãs les tremois &
les roufees grandes sur les bles telles que les lieures nosent aler par
my quant ilz vont et biennent de viender aucois au long des chemins
et reuiennent en alant au bois ou ilz demeurent en celle faison Sy te
pren garde en quel bois les lieures retraient et sil ya chemins parmy
les bles qui voysent droit a celluy bois regarde que le vent biengne de-
uers les champs en alant droit au bois et se les chemins sy fourchent
tant mieulx baulc pren vng reseul adoncques qui doit estre si long quil
praigne tout le chemin de trauers et tu te lieue auant quil soit iour et
va au fourc des chemins et ten ton reseul au trauers du chemin qui mi
eulx sadresse daler au bois en biron trois toises et te boute ou ble entre
deux chemins par deuers le vent en tel maniere que tu voyes le lieure
si bient au long des deux chemis Et ne te remue ne ne sonne mot Car
lieures sont de telles cõdicion quant il oyent les gẽs parler ilz retour
nent et prennent les champs et nosent aler le grant chemin quilz auo
yent prins et quant le lieure viendra au quarrefour des chemins ilz
sarestera car lieure sil na effroy sareste au carrefour des chemis et met

le nes a terre Et pource quãt tu as tendu ton reseul dois tu estouper ȝ
ta saliue au riuage du carrefour ou il test demõstre En sa figure et frote
la saliue ȝe ton pie cõtre terre biẽ fort et est ainsi fait pource q̃ quãt il au
ra sentu la ou tu as frote ta saliue iamais oultre ne passera ais yra lau
tre chemin biẽ roiȝemẽt soy bouter ou reseul en laq̃lle mániere iay pris
mãt ȝe lieures Et se tu ne treuyes carrefour a point si tẽ ton reseul sans
carrefour et sans faire estouppace ꝗ say en ceste maniere q̃ quãt le lieure
taura passe que tu fasse auлcune noise Cõme rõpre bne buchete on remu
er le ble sans mot dire tõytessois ȝault mieulx la maniere du carefour
Le roy modus dõnà toutes manieres et cõmēt ꝗ parq̃lle boye
lon pourroit prãdre toutés manieres ȝe bestes et boyseaux cõ
me lune maniere apartiẽt aur nobles qui sont puissans da
noir filles et aultres choses necessaires et les aultres sont dõnees aur
pauxres gẽs ꝗ ne sont mie puissans dauoir chies ne fillez\pour laquelle
chose en aꝛplissant mõ ꝓpoꝛ ꝗ pour cause ȝe breuite iay mis en cest liure
les plus briesues manieres et cellez ꝗ sont ȝe moiz ȝe coust\pourlesquel
les luy fut ȝemãȝe dũg pauure hõme cõmēt ꝗ par q̃lle boye on pourroit
prãdre cõnis Modus respond et dist moult ȝe manieres cõment on les

peult prendre pour lesquelles ien ay cy mis vne brefuete qui est faicte a
peu de coust la quelle il auoit dicte et demostree a celluy pouure home et
dit ainsi Se tu scez dit mod⁹ terriers de conis bie haulte estoupe les tou
ches du terrier en la partie deuers le vet et nestoupe mie celles qui sont
ressoubz le vent et endroit celles q sont soubz le vent tedras vng panne
let affin que silz saillent hors quilz tobent encon panelet Et auras vne
pouldre qui tatost les fera saillir du terrier la quelle est ainsi faicte\pre
orpimet et souffre esgaumet et en soit faicte pouldre Et aussy soit faicte
pouldre de mierre a la qualite lune des aultres deux\pre aussi bieulx dra
peaulx linges et vielles lres de pchemin et soient mise encedre Et tout
soit mesle ensemble les pouldres et les cendres en telle maniere toutes
fais quil y ait plus de la moitie de pouldres q de cedres et toutes les cho
ses soient mises en vng sachet de papier et soit mis en vng pot de terre q
sera fait en ceste maniere et ainsi come il est figure il aura vng petit par
tuis auquel partuis entrera vng tuel de fer qui sera au fons du pot par
ou on boutera vng charbo ardat Et puis on mectra vng pot tout plain
de genestres descoupees et moillees en estouppes de lin et celluy pot se

ra mis dedans le terrier parmy bue des bouches deuers le vent a la lõ
gueur de ton bras puis bouteras bng charbon tout alume ou pot pmy
le partuis qui est au fons du pot puis bouteras le tuel ou pertuis a souf
fleras tant que le sachet de papier sera alume puis osteras le tuel et es
touperas le partuis dont y sera ysseu de terre la bouche du terrier Et se
tu as deux ptieulx potz au deux bouches il nest beste au mõde qui en ter
rier peust durer et nest furet ne aultre qui le vaille·

Ung aultre poiure hõme qui demouroit en bne forest a qui les
escureulx faisoiēt grant dõmaige en ces iardins demanda au
roy modus cõment il les pourroit prādre Respõd modus et
luy enseigna moult de manieres a les prādre et p especial luy dist deux
manieres lesquelles iay mises en cest liure\lune si est de lez prādre a ter
re a la hault forest drue et espesse Et laultre a les prendre a terre a la
hault forest clere dabres \la maniere cõment on les prent a terre en la
haulte forest drue dabrez est telle il te fault nourriz bng escurieul ieune
et la priuoiser et quil gise tousiours en bng petit coffret quarte et quon
lamorce et a coustume que quāt on ouurera le coffret quil trace demang
ger au tour le coffret le quel coffret doit auoir couuercle coullāt doneqs
quant lescureul sera grant x par creu tu en pourras mieulx prendre lez
aultres si te dirons que tu feras va es bois ou tu cuides mieulx quil y
ait foison descureulx et regarde le pais ou il hantēt plus souuēt et dois a
uoir bng petit pānelet de delie fil qui doit auoir quatre toise de tēdu et la
maille tellemēt q lescureul puisse bouter sa teste pmy le tēps ou len creu
ue mieulx lescureul cest quāt la feuille est tõbee dez abres adõcques desce
dēt aterre pour māgier et pour faire leur garnison pour liuer Et se tu lez
beulz trouuer va en la forest au matin bng peu apres souleil leuant et
le temps soit bel et cler sans vent Et se tu boys aulcũs oyseaulx pastu
rer a terre si les quiers enuirõ Et aussi apres ce quil a fait fort temps
de pluye ou deuant et les dois querre a pie pource que quant on le treu
ue il sen effroye moins Et est certain que les escureulx on certain pais
ou ilz dmeurēt ē creux et ē ptuis qlz serõt es abres couers d mousse cõ

de nytz et font leur garnison côtre liuer es creux des coꝛee de noꞓer a de
ce q̃ meftier leur eft Et pource ne peult souffrir en leur pais nul efcureuʒ
eftrãges ains les chaffent hoꝛs de leurs pais dõt fe tu treuueʒ en leurʒ
pais foit hault ou bas ten ton pãnelet a le lieue a petites foꝛtẽtes qui
auront vng pie de hault en telle maniere q̃ lefcureul fe frappe ou pãnel
et que la coꝛde de deffus tõbe tantoft et q̃ tous les abꝛes les tõlent derri
ere le pãnelet et quil foit foꝛt et tant long cõme il aura deftẽdue et mect
le coffret ou lefcureul eft dauãt le pãnelet en dꝛoit le lieu deuẽt lefcureul
qui eft fauuaige et le met a terre que le couuercle foit a la fouleur de la
terre Et au bout du couuercle doit auoir vng partuis ou il aura vne li͛

gne bien deliẽe et bien longue Et fault tẽdꝛe bienʼempaiꝛ q̃ le fauuai͛
ge efcureul ne fen effroye et q̃l ne fe eflongne Et auffi f̃l eft trouue ater
re il fault a pꝛoucher empaiꝛ fans luy faire nul effroy doncq̃s fe tu as
tẽdu et mis ẽtõcoffret dõne amẽgier en tour le coffret pꝛã ta ligne a la
poꝛter biẽ loing et tien le bout et le met derriere vng abꝛe en telle ma͛
niere touteffois que lefcureul fauuaige foit entre toy et le tien pꝛiue.
Quãt tu auras efte vne grande piefk derriere labꝛe et que lef͛

cureul fauuaige fera bien affeure tire a toy ta ligne fi ouurera le coffret
Et lefcureul qui eft dedãs faulderabꝛes leql fera atache dedans le coffret
a bne longue cordelecte et a bne cheuille et y aura a pafturer en tour le
coffret Et quãt lefcureul fauuaige le terra il defcẽdra biẽ toft pour luy
courir fus et il aprochera incõtinãt Celluy qui eft derriere labꝛe fe leûe⸗
ra et luy doit courre fus et il fe boutera au partuis ꝛ fera pꝛins en cefte
maniere en peult on mais pꝛãdꝛe es haultes foꝛeftz dꝛues dabꝛes fans
mõter La frcõde maniere de lez pꝛãdꝛe a terre eft ainfi faicte\on quiert
lefcureul a pie en la haulte foꝛeftz clere dabꝛes et fon le treuue on le doit
chaffer tout bellemẽt de loing ainfi cõme dift eft Et fil eft mõte en bng a
bꝛe regarde fe labꝛe ou il eft monte eft fi loing des aultres abꝛes qui ne
puiffe faillir es aultres deuãt toy Et fe tu le treuues en tel lieu et il foit
arefte en labꝛe ton pãnelet tens pꝛes des aultres abꝛes ou il ne puiffe
faillir Et quãt il fera tẽdu fi te ttay arriere biẽ loing de celle part ꝙl biẽt
et quil foit entre toy et ton pennelet Et pꝛan bng grãt rameau biẽ ta
mu et te met derriere bng abꝛe quil ne te boye Et ayes toufiours lueil a
luy et fe tu bois quil fefmeuue foilla de de ton rameau contre terre fans
mot fonner et il defcẽdꝛa roidemẽt pour aler es abꝛes ꝛ fe boutera ou pã
nellet et fi ne bouloit defcẽdꝛe ains boulift tenir dabꝛe en abꝛe cõtre toy
fi te mõftre et le chaffe de baftons et de pieres tant quil reffoꝛt en labꝛe
ou il eftoit Et te met derriete labꝛe ꝛ fuillete fe tu bois quil fefmeuue en
deux manieres le peult on pꝛãdꝛe a terre fans monter fur les abꝛes·

Ꝟg pouure hõme a qui le regnard mẽgoit toute fes gelines
demãda au roy modus cõment il le pourroit pꝛãdꝛe Modus
refpond et luy dift pouure hõme fe tu peulx finer dung pannel
ie te diray cõment tu le pꝛãdꝛas quiers les terriers ou les regnars re
pairet et fil eft dedãs fon terriet tu feras bne grãt noife fur les terriers
et battras la terce de baftõs en telle maniere ꝗ le regnard le puiffe ouir
fil eft dedans et ainfi feras iufques a la baffe releuee Et a celle heure tẽ
dꝛas le pannel empꝛes la teree au deffoubz du bent et eftoupperas les
bouches qui font audeffus du bent et alumeras fur le terrier bng bon
feu et te tiendꝛas tout en paix fans mot dire

Et aura au dessoubz de ton pennel vne sonnete affin que sil actēdoit ayſ
ſir iuſques a la nuit que tu ouiſſes et entēdiſſes la ſonnetes ſi ſe boutoit
au pannel Et ſans doubte ſil eſt ou terrier il ſauldra hozs auſſi touſt que
le feu ſera allume Et encozes le puis tu faire ſallir de la pouldre ſi cōme
nous auons diſt des counis

Ung pouure homme demāde au roy modus comment on pour
roit prandre les taiſſons le roy luy reſpond et luy demāda pou
ure homme ilz ne te ſont nul mal mais ie neuz oncques ſoul
liers qui tant me duraſſent comment ceulx que ie eulx de cuir de taiſſon
ie diray diſt le roy comment tu prendras tous les taiſſons de ton pais ·
Tu feras faire vne douzainne de pouches qui ſeront laiſſees de ſi grant
maille que le taiſſon puiſſe boute la teſte parmy la maille et que le fil/
let ſoit plus gros que celluy au lieure et que les pouches ne ſoient mye
plus parfondes que pour enclozre ſanz plus le cozps du taiſſõ Et doiuēt
eſtre en meſlees de cozdellectes ou il aye au bout vne bouclecte faite cō
me en vng cheueſtre Et ne doit auoir chūn que vne cozellete de quoy el/
le ſera en meſlee· Et quant les pouches ſeront faites et ozdonnees ſi te
prenz garde ou les terriers des taiſſons ſont· Et quant la lune ſera plei
ne et que le tēps ſera bel et cler ba ou terrier vng peu apzes mynuyt
et tent tes pouches es bouches du terrier es plus haultes et eſtouppe les
aultres et dois tendre tes pouches en ceſte maniere· On doit ouurir le
maiſtre de la pouche ou terrier le plus auant quon peult Et doit on faire
ſouſtenir le maiſtre de la pouche entour le terrier a brochectes affin que
la pouche ſe tiēgne ouuerte dedās la pouche et doit on lier le bout du mai
ſtre a aulcune choſe par dehozs le terrier affi que en tirāt la pouche q̄lle
ſe puiſſe clouzre· Et ſe tu as ainſi tandu par toutes les bouches le tuas
chiens qui les puiſſent rachaiſſier ſi les quiers ou pais ou ēuiron Et de
ſe quilz auront effroy des chiēs ilz biēdront a leurs terriers et ſe boute
ront es pouches · et ſe tu as chiēe ſi tē ba quāt tu auras tēdu et reuiēt ou
mati et tu trouueras le taiſſõ en ta pouche ou deux ou trois a lauēture et
ne mēgera ne mēger ne pourra en la pouche et ainſi les peult on prēdze
ou pais ou ilz ſont

Uant le roy modus euſt monſtre a ſes apꝛatis tous les deſ
duis quon a des chiens et le meſtier de benerie et darcherie et
les deſduis q̃ ſont pꝛins es·x·beſtes de quoy mēcion a eſte fai
te ou liure des beſtes Il diſt a ceulx qui ouir voulo⸗ et de faulconnerie et
du deſduit des oyſeaux Seigneurs qui voulles ouir des deſduis des oy
ſeaulx il fault que celluy qui en veult iouir ait en luy troys choſes La ꝑ
miere eſt de les amer parfaictemēt La ſeconde de leur eſtre amyable·
La tierce quon en ſoit curieulx En ceſte partie a dix chapitres par leſ
quieulx vous ſeront monſtrees les manieres et tout le fait de faulcōne
rie Et comment on ſi doit gouuerner·

E pꝛemier chappitre ſera de la deuiſe des faulcons et quant oy
ſeaux ſont de quoy on ſe peult deſduire Et pꝛādꝛe plaiſir Le ſe
cond ſera cōment on les doit chiller et mettre en arꝛoy Et cō⸗
ment on les doit poꝛter Le tiers commēt on les peſtre et affaictier Le
iiij·cōmēt on les doit leurer le v·cōmēt on lez doit faire vouler a cōmēt
on leur doit faire en hair le change et des faiz q̃ leur fault faire pour lez
faire baigner le vi·cōmēt on doit a ſon faulcō faire pꝛādꝛe heꝛō le vij·cō

ment on doit a bng faulcon qui hait les aultres et les prant en bolent
et par tout aileurs de les ordōner en telle maniere quil les amera Le
biii·cōment on le doit essores Le ix· cōment on fait bng faulcon tou't
muer et despullier de pennes Le x·cōment on les peult garir de plu-
sieurs maladies qui leurs biennent et de les enter et redresser leurs
pennes aultrement plumes·

Es a prantis demādent au roy modus sire dictes et declares
le q̃ est deuise ou premier chappitre Modus respond il est dist
ou premier chappitre quant opseaux il est de quoy on se peult
desduire et esbatre et cōment on doit deuiser faulcon Sy deuez scauoir
quil est huit espesses doyseaux de quoy on se peult desduire a sont quatre
de quoy on boule qui boullent atour\et quatre qui boullent de pings a
prenent de randō Ceuly qui boullent a tour hault sont le faulcon le la-
nier le sacre le hobier Ceulr qui bollent de pointz et prenent de randō
sont lostour le gerfault lesperuier le merilon Et pource que lōgue cho-
se seroit de deuiser cōment on gouuerne et affaicte tous les opseaur que
iay nōmes ie me tais de tous mais que du faulcon et de l'esperuier Et
qui bien scet le gouuernement de ces deux il scet legieremēt le fait de
tous les aultres Sy bous dirons les desduis des faulcōs ilz sont faul-
cons de plusieurs manieres les bngs sont mues du boys les aultres
sont sors et les aultres sont mues et tiēnēt du sors aultres qui ont este
prins ou ny et sont appelles nyais et si y a de grans faulcōs de moyēs
et de petis a aussi sont de plusieurs tailles de plusieurs plumes et de plu-
sieurs pays Sy bous dirons lesquieulx sont mieulx apriser et a louer
ainsi cōme faulcons sont de diuerse nature et de diuerses plumes sont
ilz naetz et nourris en diuers pais et se paissent de diuers opseaur les
bngs de opseaux marins les aultres doiseaux de mares Ceste maniei-
re de faulcons sont appelles faulcons riuereur aultre maniere de faul-
cons sont qui paissent doiseaux champestre cōme de corneilles estournez-
aux merles et mauluis yceulr sont appelles opseaus champestres\il y a
faulcons qui sont prins de repaire Et faulcons qui sont appelles pas-
sans de pays aultres qui sont estrange comme en sucche ou en

noronrye ou en aultre pais qui paſſent par tout deſſus la mer et voi en
nent de longtain pais et pceulx ſont appellez faulcons pelerins co ultre
la mer es parties du royaulme de chippre a bne maniere de faulcons
qui ſont petis et ſont de rouſſe plumes côme faulcons de ſardaignes leſ
quieulx ſont les plus hardis du monde Et premieremēt bng cine grue
keron mais ie bous diray leſquieulx faulcōs ſont mieulx a priſer ſe ſont
ceulx qui ne ſont ne trop grant ne trop petis qui ſont appelles faulconz
morens qui ont eſte prins ſur la faloiſe de lamer en loingtain pais qui
ſont paſſes par deſſus la grant mer dequoy nous bous auōs parlé qui
ſont nōmes pelerins telz faulcons ſont apriſer pource quilz nōt gueres
eite ne ſeiourne ou pais pour eulx biure ains ont actendu a benir Sy
bous ditons de quelle taille et de quelles plumes faulcons bel et bien
priſable doit eſtre Se faulcon pelerins a groſſes eſpaulles et les elles
longues giſans au bout de la queue ſoit de groſſes pennes bien molues
et quelle toyſe en fillant côme queue deſpervier et quelle ne ſoit mye lō
gue et que les pennes ſoient bien rōtes et que le bout de la queue ne ſoit
blanc de plain poulce telle et les mers de la queue bien berimeulx il doit
auoir piez ſamblans a piez de butour beus dengiers et bien fendus et
bers et les ongles noires et bien poinctues et tranchās et ne doit eſtre
ne trop hault aſſis ne trop bas Et que la couleur du bec piez et chiere
du bec ſoit bgne tout il doit auoir le bec broſſie et groſſet et les narris
grans et ouuertes il doit auoir les ſurcilles bng peu haultes et groſſez
et les peulx gras et capes et la teſte bng peu boultiſſe et rondecte par
deſſus Et quant il eſt ſceur quil face bng peu de la berbete ſoubz le bec de
ſa plume il doit auoir col long et haulte poiterine a bng peu rondete ſur
les eſpaules a laſſembler du col il doit ſoir large ſur le point a doit eſtre
bng peu reuers et doit eſtre mordant et familleur les plumes doiuent
eſtre blanches et coulourees de bermeil et les noes groſſes et bien ber
meilles et la couleur toute vne Et doit auoir les ſorcilz blanches et la
teſte griſe et les ioues blāches coulorees de bermeilles plumes le dotz
doit eſtre de biſe couleur côme le dotz dune hpye et les plumes largesn
rondes ou enui ron de blanc bien iculeure et ne doit point eſtre gouct

Et se doit entresuir de plumes de pie et de bec il doit auoir louure grande et ne doit point auoir en louure vng bout delescoftaye daguillon cest v ne pincte qui naist de lescoftaye ffaulcon de tel pais de telle taille et de tellez plumez doiuent estre bons sur tous aultres se ce nest par deffault de bon gouuernemêt Car le bon faulconnier peult biê aider a faire vou ler faulcons de tous pais et de toutes tailles et de toutes plumes aprâ tis receues ceste deuise·

Es apprentis demandêt au roy modus qui leur die et declai re la maniere du second chappitre de faulcônerie Modus res pnd le second chappitre de faulconnerie deuise cômêt on doit chiller mectre en azoy et porter son faulcon Qui a vng faulcô nouueau prins il le doit chiller en telle manier quant la chilleure lachera que le faulcon voye deuant pour deux causes La premiere est pour veoir la chat dauant luy Car il seuffre moins quant il les voit aplain dauât soy que si les veoit par derriere et ne doit point estre chille trop estroit ne le fil de quoy il est chille ne doit estre trop delie ne ne doit mye estre noue sur la teste mais doit estre tors\or vous ay deuise de la maniere du chil ler si vous diray cômet il doit estre mis en azoy & en ordônâce Qui a vng faulcon nouuel il doit auoir nouuel azoy comme vng grant bel blanc et nouuel de cuir de cerf Et luy doit on faire geatz de cuir de cerf mol et vne laisse de cuir la quelle doit estre atachee au gant Et doit estre pendue vne petite bouclette a vne petite cordelle de la quelle en doit me ner et aplainer le faulcon pour trops causes La premiere est que plus est vng faulcon touche et manie et plus sen asseure La seconde est quil se saillist moins a estre manie de la brochete que de la main quil pour roit mordre celluy qui le maniroit Apres luy fault deux sonnettes af fin quil les amorde et quô le puisse ouyr remuer et grater Item il doit auoir vng chappiron de bon cuir dabere bien fait et bien en forme de quoy la forme soit biê esleuee et boussue endroit les yeulx et que le chap peron soit parfont et quil soit asses estroit par dessoubz affin ql tiengne asses a la teste Et quil soit fait si apoint quil ne blesse le faulcon ne des traingne trop Item il doit estre vng peu espoide des ongles et du bec

et non mie tant quil faigne Oz vous dirõs cõment on le doit pozter cest
vne chose q̃ de pourter aife son faulcon qui grant bien luy fait et endure
plus lõguement et doit estre pourter en ceste maniere lon doit ferrer le
coude au coste et tenir le bzas loing et dzoit loing du cozps Et q̃ le faul
con soit dzoittemẽt sur le poin non pas sur le cloe de la main ne dedans
sur les dois et tenir son bzas et son poing ferme Et que bien le scet poz
ter apie et a cheual ia fes fonnectes ne feront oupes

⸿ Cy deuife comment on doit affaictier vng faulcon Et mectre hozs de
fauuagine·

A prãtis demãde cõment on affaictes vng faulcon et mectre
hozs de fauuagine & cõment on le doit peftre Modus refpond q̃
veult affaictier vng faulcon y fault cõfiderer quel faulcon on a
affaictier car il eft trois manieres de faulcõs Lun eft mue de boys lau
tre eft pzis d repaire et a efte lõguemẽt a luy Celluy on y a moult afai
re ceft vng faulcõ for qui a efte pzins bien a heure sur la falaife q̃ eftoit
paffe par deffus la mer Ceft celuy qui plus fait apzifer et dequoy ie vo9
diray la maniere de le mectre hozs de fauuagine et cõment on le doit pa
ftre et afelier\et puis vous dirons des aultres dont ie vous parleray bzi
fuement Qui a vng faulcõ for tel cõme ie tay dift fi le doit affaictier en
cefte maniere\quant le faulcon a efte mis enozdõnance telle cõme illa
efte dift ou chappitre deuãt ceftuy on luy doit dõner amengier bõne char
et chaulde de coulõs doifeaux bif a bõne gozge deux fois le iour iufques
a tzois iours pour trois caufes\lune pource que deluy ofter en vng mo
uement la vie de quoy il a vfe ne feroit mie bien fait· lautre pource quil
eft trop nouuel fi mẽgue plus voulentiers la char chaulde qui ne feroit
aultre La tierce quon cõgnoift mieulx la fin de quoy il eft en la chaul
de char quon ne feroit de mauuaife char froide Et touteffois quõ luy dõ
ne a mengier on le doit bien a hucher affin quil congnoiffe quãt on luy
vouldza dõner a mengier Et quant on luy dõnera a mẽgier que on luy
ofte le chapperõ biẽ en paix puis luy doit on dõner deux bechees de char
ou trois et quon luy remdte le chapperon mais quil foit tellemẽt chille
quil ny voye goudte et puis apzes quon luy aura mis le chapperon luy

mis donner deux ou trois beches de char Et apres les trois iours que
tu luy auras bien donne a mengier de bonne char se tu vois ql est bien
a la char et quil mengusse bien voulétiers si luy ratrains sa biáde cest
adire que tu luy en donnes mains mais luy en donne petit et souuent
et de telle bonne char et quil nait en gorge qun bien peu vers le vesprez
et le tiens longuement la nuit auant que tu le couches et le maine sou
uent de la brochecte Et quant tu le mectras coucher quon le mecte em
pres luy sur vng treteau bien seant affin quó le puisse la nuit rauillier
puis se doit leuer deuant le iour sur le poing et la char dun oyselet vif et
soit vng peu abeche de celle char Et quant on luy aura tenu celle reigle
deux nuis ou trois & quon boye que le faulcon soit plus mat quil ne sou
loit et quil face signe de seurete et quil soit aigre de la bonne char si luy
mue lon sa viande et luy donne petit et souuent char de cueur de porc ou
de móton et lueil luy soit vng peu lasche le fil de quoy il est chille Et quát
on luy laschera qui soit nuit et se sera fait sans le prandre et quil ne to
ye goucte et luy soit escoupee de leauue au bisaige quát on le mectra cou
cher affin quil ait mains de soumeil et qui frote les yeulx a ious de ses
belles pour mieulx veoir Et fault quil soit veille toute la nuyt et tenu
sur le poing le chapperon hors de sa teste se ainsi est quil eust trop veu et
et quil feist signe destre vng peu effroye adoncques son boit tel signe sy
soit porte en lieu obscur fors que on ny boye a mectre le chapperon puis
soit a beche de bonne char et soit veille par pluseurs nuis tant quilz soit
mat et quil dorme sur le poin par iour si soit laisse vng peu dormir seure
ment et est vne chose qui bien la seure et au matin au poin du iour quilz
trouue la char chaulde de quoy il sera abesche Et retien quó ne peult nul
le chose deuiser proprement telle cóme il appartient au faulcon affaicter
qui ne boit et cógnoist son estat et sa maniere que il est faulcós de diuer
se manieres et pource les fault gouuerner diuersement Ceulx quó treu
ue amiable et de bonne fin doiuent estre affaictier sans leur donner grát
paine et trauail fors le moins quon peult et selon se quilz sont de deur af
faictement on les doit mater et donner paine Et quant tu lauras veil
le deux nuis ou trois si luy mue sa char de poulle chaulde a mengier et

selon ce que tu verras sa seurete tu luy pourras oste son chapperõ de nuit
loing de gens et la bechiez souuãt Et quant tu lauras mis en tel estat
tant pour le veiller comme de luy faire auoir fain que tu verras signe de
seurete et quil puisse veoir les gens dauant luy·si luy oste son chapperõ
par iour loing dez gens et luy fay mengier vng peu de bonne char puis
luy remet le chapperõ tout en paix et luy donne apres vne bechee õ char
Et gardes sur toutes chosez que tu ne luy oste son chapperon ne ne soit
mis en lieu ou il puisse ne voye auoir effroy car cest ce qui plus le feroit
perdre et honnir Et quant il aura acoustume et amour a veoir les gẽs
se tu vois quil ait bonne fain si luy do ine vne bechee de char et luy oste
le chapperon et luy monstre la char droit a ton bisaige Et sil sefforce de
la prandre si luy baille puis luy remet le chapperon Et ainsi feras tant
quil se bate pour prandre la char et par celle voye ne doubtra le bisaige
Et quant il sera nuit si luy soit couppe le fil de quoy il sera chille et soit õ
chille de tous poins et encores le veille celle nuit et ne soit veille se tu
voys qui truist asses seur entre les gens mais doit estre mis sus vng tre
teau empres luy et doit estre reueille la nuit deux fois ou trois et soit
mis sur le poin dauant le iour car trop veiller son faulcon nest mie bon
qui asseurer le peult par aultre voye Et se par le bon gouuernement que
tu auras pour luy estre courtois a lauoir garde deffroy côme par bonne
diligence de le veilles tu le trouues sur et quil mengeusse et sebate a la
char dauant les gens sans nul regard estrange Et adoncques luy doiz
donner de char lauee en ceste maniere a bechr luy au matin se quil ait la
fosse de la gorge plaine sans plus et mectras tramper en vne belle eau
ue clere telle dune poulle tant quil soit aussy comme my iour puiz celle
char trampee luy soit donnee toute telle et au soir luy donne vng peuz de
bonne char Et a leure deust prime et souleil leuãt le fay batre a la char
deuant les gens et luy doime a mengier quil ait engorgie Et quant il
aura enduit se le fay batre a la char deuant les gens asses souuant Et
touteffois que tu luy remectras le chapperon soit vng peu abechr au soir
luy donne plume en ceste maniere pran le pie dun cõnil ou dun lieure

h ij

et soit couppe au teſſus des ozrieulx et soit bien eſcozche et ſes ongles o
ſtes puis soit mis tzamper en bonne eaue et soit vng peu eſpzain en dõ
nant au faulcon et luy soit donne auecques vne ioinctes du gras de lel
le dune geline Et quant tu donneras plumes a ton faulcõ quil soit biẽ
ſeur et tout hozs de ſauuaigine la cauſe ſi eſt que cil neſtoit bien ſeur il ne
ſe oſeroit gecter ſur ton poing Car il fault quil soit tenu et quant il ſera
ſigne de la gecter que tu luy oſtes le chapperon tout empaix par la tiroi
re et luy donne en telle maniere par deux fois de la char lauee et lautre
iour de la plume Et le fay ſelon ce que ton oyſel ſera nect dedans Et aff
fin doncques quant il aura gecté ſa plume ſi luy remect le chapperon
tout empaix ſans luy donner que mengier pource que voulentiers ilz
gectent leur glecte Et ſil eſt cure de plume et de glecte soit abechie de bon
ne char chaulde Et apzes a grant iour luy soit donner le ſoic de la cuiſſe
dune poulle en la faiſant batre a la char deuant les gens Et quãt il au
ra enduit ſi la beſche ſouuent deuant les gens et ne luy donne que deux
ou trois beſchees de char a la fois et au ſoir luy fay tirer a lelle dune ge
line dauant les gens Et ſe tu le treuues bien ſeur et de bonne ſain et ai
gre adoncques eſt tãps de le faire mégier ſur le leurre ſi dois touſiours
pzandze garde ſi les plumes qui gectera ſeront point ozdes et glecteuſe
et ſi lozdure ſera poit de couleur iaune Et ſe tu les treuues ozdes ſi mect
paine tant par la char lauee comme de plumes et de le faire nect dedãs
Et ſil eſt nect dedans ne luy donnes mie ſi forte plumes comme de piez
de lieures ou de conil mais luy donne plume qui eſt pzinſe ſur la ioin
cte de leſle dune bielle geline et vne ioinctes auecques et aulcuneſſois
ſont bonnes les ioictes du col dune geline deſcoppee par entre deux ioin
ctes et luy en donne quatre ou cinq fois lauees et trampees en eaue
froide Et combien que le roy modus ait mis en ſon liure et mõſtre ceſt
ſauuaigine en bſent pluſieurs en aultres manieres A auſſi ſont faulcõs
de pluſieurs manieres il fault plus longuement mectre a affaictemẽt
dun faulcon mue de bois et pl9 veiller A donner paine quil ne fait a vng
ſoz qui a eſte pzins paſſent Et auſſi a plus a faire a vng faulcon pzins

de repaire et qui a este bien long uement a luy quil na vng faulcon qui
a este lacure et quelque faulcou q̄ se soit puis que de sa nature il est amia
ble et famulleur y̅ n̅y a que faire a la faicter·

¶ Cy deuise commant on doit loerre vng faulcon nouuel affaicte·

Alprantis demande comment on doit lorrer vng faulcon nou
uel affaicte Modus respōd et escrip ou quart chappitre de faul
connerie que on doit considerer trois choses au conimāecemenc
demonstrer lorre a vng faulcon nouuel La premiere est quil soit bien
seur de gens et de chiens et de cheuaulr La seconde quil ait grant sain
La tierce quil soit net dedans et fault regarder leure de matin et du
soir quil ait plus grant sain Et garde que ton leure soit bien en charne
dung couste et daultre Et doit on estre en lieu secret puis esloingnier
la laisse a ton faulcon et luy oste le chapperon et soit abesche sur le leurre
hault sur ton poing puis le luy oste et mect derrier toy qui ne le woye Et
quant ton faulcon sera descharner si le gecte si pres de toy quil le puisse
prandre de la longueur de la laisse Et sil le prant seurement lon doit cri
er hae hae et Le paistre sur le lorre contre terre et donner dessus la cuis
se dune poullecte toute chaulde et le cueur\et soit le bibron qui est sur la
cuisse Et se tu las ainsi lorre au vespre ne luy donne que vng psu a men
ger et soit a lorre si a heure que quant il aura endait tu luy puisse don
ner de la plume et vng osset dune iointe et le laindemain soit mis sur
le poing au point du iour Et quāt il aura gecte sa plume et sa glecte soit
abesche dung poupe bonne char chaulde Et il sera grant iour et tamps
de le paistre prant vng cordel et a taiche a sa laisse et va en vng pre biē
net et bien uny et la besche sur le lorre comme deuant est dist puis le des
charner et se tu voys quil ait bonne fain et quil ait prins le lorre roide
ment si le baille a tenir a aulcun qui bien le sache laissier aler au lorre
Adoncques dois desploier la corde et traire arriere iiij· ou cinq fois de
a ssours dicc luy qui le tient doit tenir a la main destre le chapperon au

ħ iij

faulcon tout empaix et se le faulcon et luy doit oster le chapperon tout
empaix Et se le faulcon biet bien au leurre et quil le prengne roidemēt
file laisse mēgier dessus deux ou trois becbees puis le descharge et le oste
de dessus le leurre et luy mect le chapperon et puis le rebaille a celuy q̃ le
tenoit et le eslongne et le lourre aussi de plus loig et le pais contre terre
sur le loerre ē huāt et criant hae hae A ainsi le loreras chēcũ iour de plus
loing en plus loing tant quil soit bien duit deuenir au loerre et le pran-
dre bien seurement puis soit loerre entre les gens et que on garde quil
ny biengne chiens ou autre choses de quoy il deust auoir effroy · Et tou-
teffois que tu losteras de dessus le loerre si luy mect aincois le chapperō
sur le loerre Et se tu vois quil soit bien loerre a pie il fault aussi quil soit
bien loerre acheual et aincois quil soit loerre acheual vne fois ou deux
Quant tu le loerras apie fault faire tenir des cheuaulx enuiron toy qui
seront tenus que le faulcon les voie Et quant il mengera sur le loerre q̃
on les aproches de luy et quon les faces tourner au tour de luy qui les

woye et que les cheuaulx soient paissibles affin que par leur esmouemēt
il nait effroy puis pourte lefaulcon sur le lorre quāt il mengera hault en
pres le cheual et le fay tout empair affin quil puisse congnoistre les che
uaulx Et aussi le fault pourter a cheual et le faire mangier entre les che
uaulx Et quāt il les aura bien a coustumes et quil ne sera nul samblāt
de les de bouter adoncques le puis tu bien leurrer a cheual en ceste ma+
niere Celuy qui tiendra le faulcon pour le laissier aler au lorre fault q̈l
soit a pie et vng aultre qui tiendra le bout de la creance et est de la ligne
qui est atachee a la laisse du faulcon et iceluy sera entre celuy qui le tiē
dra sera a couste a cheual Et celuy qui a le lorre sera a cheual Et quant
il branslera son lorre celuy qui tiendra le faulcon luy doit oster le chap
peron par la tirouerre ainsi comme aultreffois auons deuise Et celuy
qui tiendra le lorre doit huer et crier hae hae et si prent le lorre roidemēt
pou dessus lorre pres du cheual Et se tu vois quil soit bien lorre et quil
dobute ne gēs ne cheuaulx si ly oste la obecāe et soit lorre de plus loig ē
plus longue tire Et pour faire amer la compaignie des aultres faulcōz
il fault quil soit lorre auec vng aultre en ceste maniere\y fault quon soit
quatre ou deux qui tiendront les faulcons et deux qui les lorreront Et
celuy qui tiendra le faulcon nouuel ne le laissera mie si tost aler au lor
re comme sera lautre Et aussi celuy qui deportera de tournoier son lorre
tant que lautre soit a cheual lorret Et adoncques sera gecte le lorre au
faulcon nouuel et quant il sera cheu sur le lorre son maistre le doit pour+
ter sur son lorre mengier auecques les aultres faulcons Et ainsi doit es
tre fait trois fois ou quatre si aymera mieulx a bouler auecques eulx et
les suiura boulentiers Et pour luy faire amer les chiens q̄ est chose bien
necessaire Quant on fera son faulcon tirer et plumet par iour et p nuit
on doit appeller les chiens entour luy et les dois ainsi a coustumer pe+
tit a petit et sil nen ha effroy tu les dois a proucher pl⁹ pres de luy quāt
il plumera ou mengera Et ainsi par lon tamps faire\les aymera sy
en sera la doubte moindre·

LEs aprantis dirent au roy modus Sire vous nous aues de
uise quant chappint de faulconnerie si vueilles dire et deuise
du quint modus respond Ou quint maniere de faulconnerie
a troes chouses contenues La premiere est comment on fait vng faul
con nouuel vouler La seconde comment on luy fait en hair le change·
La tierce comment on le doit baignier· Quant ton faulcon aura este
plusieurs fois loerre a pie et a cheual et quil sera prest destre gecte a mo
ult et il aura menger de la bonne chair sus le loerr et sera tout hors de
sauuaige et sera vng peu recouurer et efforcier de la poinne quon luy a
donnee et aura les cuisses plus plaines de chair adoncques tu luy dois
offrir de leau pour soy en ceste maniere baugier Regarde quant le temps
sera bel cler et attempre prens vng grant bassin de salle si parfond q
le faulcon soit en leaue iusques aus cuisses et mect le bassin en vng li
eu bien secret et soit empli deaue puis aporte le faulcon en hault lieu le
quel tu dois auoir loerre au matin et luy auoir donne bonne chair chaul
de en la gorge et te siez et tiens le faulcon au souleil tant quil aye prest
que toute sa gorge bougee aual et enduit et il se manyera au souleil et il
pourrondra et ce faisant luy oste le chapperon tout en pais ·Et quant il
sera bien manye si tu veulx quil ait tout enduit sa gorge sans quil ait plus
la fosse plaine si luy mect le chappiron et te met bien pres du bassin et
que tu ayes vne delice vergete toute preste de quoy tu batras leaue et la
chair toute preste empres toy et luy oste le chapperon tout en paix et luy
monstre leaue et mect le poing de quoy tu le tiens pres de leurle du bassi
Et sil veult saillir sus lerbe ou dedans leaue si le laisse aller seurement
et fiers seurement de ta verge en leaue affin quil sente leaue· et si saul
en leaue et il se baigne si le laisse baigner tant comme il voulдra · Et
quant il fera semblant de sen aller si mect la chair en ton poing et luy

tiens le poing et garde quil ne faille hors sans saillir sur ton poing et q̄
tu puisses luy donne vne leschee de chair et le lieue et tient ou soleil et
il. le maintra et porrondra sur ton poing ou sur ton genoil Et saches que
cest vne chouse que le baing qui luy donne grant sceurete et aspre fain
et bon couraige Et sil ne veult baignier au bassin et tu le essaie dues fo-
is ou trois si essaie de le baigner en eaue placte de riuiere car ilz sōt mo-
ult de faulcons qui baignier ne se vueillent au bassin Si vous dirōs cō-
ment on doit gecter en hault les faulcons pour les faire vouler le demai
quant tu lairras baigner au matin ou ou vespre a lune de ses deux heu-
res ou le faulcon a meilleur fain mōte a cheual et va aux champs a gar-
de quil nait ou pais enuiron toy ne coulons ne cornoilles puis prens ta
loerre qui doit estre bien encharne dung couste et daultre et oste le chap
peron a ton faulcon et la bec ke sus la loerre puis loste de dessus ton loer-
re et luy remect le chapperon tant quil soit decharne puis ten va con-
tre le vent tout bellement et luy oste le chapperon Et aincois quil choisis
se aucune chose ne quil sebate mect le hors de dessus ton poing tant en pa
ix et comment il tournoisa va le trop de ton cheual et courant par la r̄ sil
foruue sur ton cheual si luy gecte le loire et ne se laisse mie gueres tour-
ner Et aussi le fais par chescun iour au matin et ou vespre tirer le loerre
et si tu vois que ton faulcon soit bieu deduie de tournoier enuiron toy et
de bien cheoir au loerre Et aussi de cheoir au loerre auecquez les aultres
faulcons et quil fasse semblant de les ayme Et adoncques te fault quer
re la compaignie dung faulcon qui ayme a voller auecques les aultres
et quil ne se vouge de nul change et si le fais vouleur a uec Et le moier
premierement aux preiees ou aux perdris car ce sont que faulcons ne
chaissent mie loing Et si ton faulcon a cheisie et il reuient si luy gecte le
leurre et ainsi li doit on faire quant reuiendras de a chasse au premier
deux foi s ou trois et le pais sus le destren de ton cheual Et puis apres
le pais sus le loerre contre terre et le loerre de bonne chair chaude

te bonne char chaulde pour le ressouldre en voulant et pour plus tost re
uenir de sa chasse Et se loisel a quoy tu voulles est pris si lup en fay mē
gier auec lautre faulcon et quant il aura vng peu mengier si le stacke
dauec et le pais sur le lorre et luy donne vne fois la sepmaine de la char
bien trampee et des os de la plume asses souuent et ne luy donne point
le iour quil aura mengie char lauee\et tien que cest bonne faulconnerie
puis que vng faulcon est familleux de le tenir gras et auec dedans·
Item se tu volles de ton faulcon aux oyseaulx de riuiere buidies & quil
en soit vng bien prenable demeure et te mect soubz le vent & oste a ton
faulcon le chapperon et le laisse aller auecques les aultres et que les
faulcons qui voulēt soiēt bien a point soit loisel de riuiere vuide en telle
maniere quil escampisse a traua∂∂ Iour qui sera baigne ne luy donne
char lauee ne emmy le pre Et se les faulcons le prennent soient tous
destackes de dessus loisel et soit baille au faulcon nouuel et en soit pou p
my la poictrine Et ainsi doit enquerre et garder les auantaiges a ton
faulcon tant quil soit bien ou chemin de vouler Et touteffois quil reuiē
dra de ces chasses si luy gecte le lorre et le pais se ainsi nestoit quil feust
demourer aulcun oysel blecie que tu luy peusses faire souldre a sa reue/
nue en telle maniere que par raison ne luy deust mye faillir Et pour les
auantures qui en peuuent aduenir dient aulcuns quil est aussi pourfi/
table de luy gecter le lorre a sa reuenue ·Item quant tu veulx que ton
faulcon soit haultain et praingne son hault pte fault querre la compai
gnie dung qui ait vng ton faulcon bien haultin mais que ton faulcō
soit bien duit de retourner de ces chasses et quil ayme bien ses faulcōs
quil treuue les oyseaulx dedans vng estang qui ne soit mie grant ou
en vne belle stacke on doit laissier aler et vouler du faulcon haultain Et
celuy qui tient le faulcon nouuelet doit estre bien arriere au dessus du
vent et quant le faulcon qui vole est

emy vng boys il doit oster le chapperõ a son faulcõ nouuel Et si se bat
cest pour aler a lautre il doit laissier aler si tirera contre le vent droit a
lautre droit au contremõt Et aincois quil se amatisse daler apres laul
tre quon luy soutdre les oyseaulx et que le faulcõ hautain soit a point quõ
luy face soutdre sur la queue Et sil prennent loisel donne luy a mangie en
my la poictretine et lui donne le cueur a le fait mégier auecques lautre
faulcõ Et se tu le fais par telle maniere souuant il a prandra son hault
mais quil luy soit bié apris x ql ait gaigne deux ou trois fois ou quatre
auecques le faulcon haultain Item se ton faulcon ba au change et ilz
prant coulon ou corneille ou aultre oysel de change et tu le treuues mé
gent ou quil ait ia menge ne luy faire nulle frontiere ne en nuy mais
le repraigne ou lorre sil a mengie et luy donne vne bechee de char et luy
mect le chapperon et garde que tu nen volle auãt ql soit deux iours pas
ses et le lorre\quant tu en voleras garde que se soit en lieu que par rai-
son ilz ne doye mye faillir et mect paine quil luy praigne bien cest que
tu nen volles mie a faulte que tu puisse Et se par ceste voye ne se veult
garder et retraire daller au change nous te dirons que tu feras mais
tu dois auant que tu le faces auoir essaie de le retraire par pluseurs aul
tres voyes et bonnes manieres Quant ton faulcon aura prins coulon
au corneille ou aultre oysel de change se tu viens aluy auant ql ait mé
gie garde que tu soies pourueu de fiel de geline et soit escorchee et descou
ure sa poictrine de loisel que ton faulcon a prins et oing la char de cest oi
sel du fiel en vne pennecte et se ton faulcon en mengue ne luy en donne
mye guieres affin quil ne soit greue car il la gectera et si ne la gecte sy
luy donnera il mauuais couraige et si en haira la char de loisel quil au-
ra prins descemblables Et si vne aultre fois prenoit oisel de change et
tu fusse a luy auant quil en eust mangie si luy donne comme nous a-
uons dist de la char de loysel quil aura prins du fiel ou aulcune chose a-
miere qui ne porte mie peril

Comme pouldre de mierre ou ius de santoire ou ieunes vers bien men
ement de tranchier adoncques les ius diceulx mis sur la char aulcun
leurs mectes deux grosses sonnectes a chascun pie ou leur consent le
grosses pennes des eelle mais ce qui plus larreste et fait hair de pran
dre oysel de change cest pour luy connes choses ameres sur la char des o
seaulx qui prandra de change mais que ce ne soit mie chose forte de quo
faulcon se faicte Et touteffois quil retournera de chasser le change qu
le rencontre en luy gectent le loerre Et encores qui pourroit faire sou
dre ung oysel de riuiere blecie ou etelle maniere que par raison le deu
prandre mieulx vauldroit Et si par aycuneffois ou par aulcune voy
ton faulcon estoit de haictier daulcune amortune que tu luy eusse donne
si luy mesle sa char en eaue sucree si gairira Et par telle voyes peult
retraire ton faulcon du change

¶ Cy deuise comment on fait a son faulcon prandre heron·

Alprantis demande cōmant on fait a son faulcon prandre he／
ron Modus respond qui veult faire son faulcō haironnier cest
quil preigne heron il luy fault deux choses lune que tu mectez
ton faulcon en aspre fain\lautre que tu es vng heron vif de quoy tu fe／
ras vne tome a ton faulcon en ceste maniere au matin quant il sera heu
re de paistre ton faulcō se tu vois quil ait bonne fain va a vng pre et me
sne aulcun auecques toy qui laisse aller ton faulcon a point et luy bail
le ton faulcon puis pran le herō et luy brise les piez et le bec puis te'me
terrier vng buisson et celuy qui tiendra ton faulcon sera introduit de hy
ster le chapperon au faulcon quant le heron sera laissie aler et celuy qui
tiendra ton faulcon sera asses loing au dessoubz du vent puis gecteras
le heron et laultre ostera le chapperon au faulcon Et si ne le veult pran
dre si luy gecte le leure que tu dois auoir toust prest Et si prent le heron
tu luy feras sa cure et si garde en la maniere qui sensuit donne luy pmie
rement le cueur et quant il aura māgē si le descharge et des raches tout
en paix et baille le heron a celluy qui laissa aler le faulcon le quel se doit
traire arriere vng peu loing et tournoier p lelle le heron et tu dois oster
le chapperon a ton faulcon et le dois laissier aler au branfle et celuy qui
branfle le heron ne le doit mie gecter mais doit actendre que le faulcon
le praingne au branfle et le doit laissier cheoir quāt le faulcon laura pris
puis luy dois descouurir la poictrine et le faire manger puis dois pran
dre les osts de lesle du heron et en coupper le bout puis le boute tout au
long de losts et la moelle qui ensauldra say la mangier a ton faulcon·
Cest vne chose que le faulcon mangera bien et voulentiers Cest ce que
nous appellons la garde que on doit a faire a son faulcon pour luy faire
aymer la char du heron car ce vne char et biēde lescheresse Et de rechief
et luy esrache et luy gecte et coulle dauāt luy et ainsi le pouras baudis
et escharner a prandre heron et a les aymer Et sil a ainsi ait vne fois·

et luy gecter et coule dauant luy et ainſi le pourras baudis ꞗ eſcharner
a prādꝛe heron et a les amer Et ſil a ainſi fait hne fois ou deux il deuꝛoit
aſſes bien debatre le heron au debatois auecques vng aultre faulcons
Quiers ꝰoncques la cōpaignie daulcuns qui ait faulcon heronner Et
ſe on treuue le heron ſeant ſi te mect en vng hault lieu atout ton faulcō
nouuel au deſſus du vent et cellup qui a le faulcon heronner fera chari
er le heron Et quant il aura laiſſe aler le faulcon au heron regarde ſe le
heron pꝛandꝛa la monſtre ne laiſſe mie aler ton faulcon ne ne luy oſte
mie le chapperon\mais ſe le heron ſe deſconffit et quil fonde en leauue ꞗ
que le faulcon heronner le debate oſte adoncques le chapperon a tō faul
con et ſi le lieue et ſembat ſi le laiſſe aler au debatis Et ſe le heron eſt
pꝛins ſi le paix emmy la poictrine ꞗ luy fay les gardes ainſi cōme nous
auons diſt et deuiſe Et ſil a mengie de deux herōs ou de trois il deuꝛoit
monter auecques lautre faulcon ayder alepꝛandꝛe et retien ton faulcō
qui voule pour heron dit auoir grec

gneur fain et plus apꝛe que ne ꝺoit auoir pour faulcon q̃ boule pour aig
nye ſi aꝺuient il aulcuneffois que faulcon pꝛant heron et aignye et tout
ꝺune fain ſelon ce quilz ſont ꝺe bõ couraige et famileux Œt auecques ce
ſont pluſieurs faulcõs qui ſe paſſent ꝺe gꝛos oyſeaulx cõme ꝺe hairon et
ꝺe egrectes ꝺiſeaulx marins ſamblables a herons mais ſe le heron ſe
ꝺeſcõfiſe et quil fonꝺe a leauue et que le faulcõ hairõner le ꝺebate pquoy
il ayme mieulx et ont meilleur couraige ꝺe pꝛãꝺꝛe heron et grue et tous
aulttes grãs oyſeaulx Œt tieulx faulcõs ſont ꝺe ligier en charner a pꝛã
ꝺꝛe heron·

⁋ Cy ꝺuiſe cõmẽt on ꝺoit a ſon faulcõ faire aymer lez aultre quãt il lez hait
        Apꝛãtis ꝺemãꝺe quant vng faulcon hait les aultres faulcõs
        cõment on luy ꝺoit faire aymeret le garꝺer ꝺe les pꝛãꝺꝛe Mo
        ꝺus ſeſpond y ſont ꝺeux manieres en faulcõs qui haiẽt lun lau
tre et il ya ꝺaulcuns qui ne ꝺeulle ꝺouler auecq̃s aultres faulcõs et ſe ti
rent arrier et ſen ꝺont quãt il ꝺoulent par eulx ne ſe ꝺougent les aultrez
les ꝺont pꝛãꝺꝛe en boulãt ou hauelõmer et ꝺe telz qui les pꝛennẽt a la
perche et par tout ailleurs quant ilz y ꝑeuuẽt aꝺuenir Sy bous ꝺitõs
la maniere cõment on leur ꝺoit oſter celle tache et cõment on leur fera a
mer la cõpaignie ꝺes aultres faulcons en boulãt et en ſeant il aꝺuient
ſouuent queſbng faulcon hait a ꝺouler auecq̃s lez aultres ou pour ꝺoub
te quil a ꝺeux ou pource quil les hait Celluy qui les hait les pꝛãt cõme
celuy qui les ꝺoubte ſen fuit Sy bous ꝺitõs ꝺe celuy qui les pꝛ.it cõme
il ſe garꝺera et les aymera\il fault que on ait bng lanier bien amiable
et ſoit mis ſur la perche ou le faulcõ qui hait les aultres ſoit\et ſoit mis
aſſes loing lun ꝺe lautre et que ſe ſoit ſur le iour et biẽ ſouuãt quant ꝭꝰ
paſſeres empꝛes eulx ꝺõnes a lun bne bechee ꝺe char et alautre auſſi\et
leurs faictes ſouuant et par pluſeurs iouꝛs en les apꝛouchant tous les
iouꝛs les bngs ꝺes aultres foꝛs quilz ne puiſſent aꝺuenir les bng aux
aulttes Œt ſe ſoit en yuer quãt il fera grãt froit ꝺe gelees et quãt ilz ſe
rõt lũ ꝑs ꝺe lautre ſi mectes la char entre ꝺeux et faictes becher lun et
lautre en la char Œt ſi vous les aues fait ainſi par troys iouꝛs ou quãt
bous voyes quil ne face nulz ſamblant ꝺe courir ſus au lanier ſi le

passies a vng vespze de bõne char chaulde ⁊ le mectez gesir hors sur vne
perche a la gellee Et si ne faictes se le faulcon nest gras et fort et aussy
que par aultre maniere moins greuable on luy peult faire aymer les
aultres Et quant il aura ainsi este en la froidure par lespace de lescuree
de trois ou de quatre leuees Et si tenez vostre lanier pres du feu et alez
przãdze le faulcon qui est a la froidure et luy mectes le chapperõ puis fai
ctes apporter le lanier et le mectes sur vostre poin entre vostre coste ⁊ le
faulcon qui santira la char du lanier si tirera contre luy et la prouche
ra pour la challeur Et soient ainsi laissies sans dormir lun ne lautre tãt
que vous voyes q̃ le faulcon ait grant fain de dormir puis luy oste tout
en paix le chapperon et quil ne voye goucte et laisses ainsi reposer toute
la nuyt sur vostre poin Et quãt il sera iour si le remectes a la perche bien
pres lung de lautre fors quilz ne puissent aduenir lung a lautre cõme
aultresfois auons dist et que leurs dõnes de la char a lun et a lautre en
la maniere que dist est dauant Et ainsi le faictes par deux nuitz et a la
tierce nuit mectes lun et lautre gesir hors a la gelee et les mectes lun
pres de lautre quilz puissent ioindze luna lautre auant quilz soienta p
ches lun de lautre quilz aient sentu du froit sur la perche et puis soient
aprouches cõme dist est Et quant vous verres quilz seront aprouchez lũ
de lautre pour auoir chaleur si leur oste les chapperons tout en paix Et
se le faulcon ne fait nul samblant de przandze le lasnier tenez fermemẽt
quilz aymera les faulcõs mais quil ait laisse celle tache Adõcques les
faictes mẽgier en semble tousiours et gesir pres lun de lautre et loirer
en semble et par telle voye pourrez oster au faulcon quil pzẽt les aultrez
par telle tache ia tant ne les saura hair et si le faictes vouler auecques
les aultres si mectez grãt paine de luy querre son auantaige affin quil
luy puisse bien przandze auecques les aultres faulcons Et soit tousiours
peu auecques eulx Et saches que par les deux manieres dont auõs fait
menciõ ne peult on trouuer plus certain remede cest assauoir dun faul
con qui hait les aultres et les pzant par tout et de lautre faulcon qui le
doubte et sen fuyt et ne pzãt mie mais nose vouler auecques luy

Cy deuise cõment on doit vng faulcon affaictier.

Ire font les apprantis au Roy modus vous nous aues mon
stre cōmēt on doit vng faulcon affaitier et faire vouler Or no⁹
dictes cōmēt on le doit essenner modus Respont les vngs des
faulcons sont plus fors a essuner q̃ les aultre et est certtin q̃ tant plus a
este vng faulcon a maistre plus est fort a essenner et combiē q̃ vng faul/
con est vieil mue de bois mais quil naist q̃ vne mue par main donne est
de plus ligier assauuemēt que nest vng faulcon moins vieil assez q̃ pluz
lōguemēt a este a main donne la cause si est que vng faulcon se bit plus
nectemēt et mieulx se lon sa nature et de meilleurs chars et plus chaul
tes et asses bōnes biātes quil ne fait p legouuernemēt dōne pour quoy
il nest ne ne doit estre si ort de dans q̃ quāt on paist son faulcō le faulcon
qui est famullieux plus q̃ sil fust atoi mēgue plus gloutemēt plume cuir
et ne dger mie si biē sabiāte cōme fait le faulcō asoy et auecque ce ilz ne
sont mie paissus en la mue ð si nectes biātes � nōt mie lair et leurs nec
cessite cōme ont ceux qui sont aculx mesmes faulcō dune mue quāt il lez
metz hors de la mue et il est trait prans toy garde sil est gras et se sau/
cas tu pour luy empoigner � par luy manier lacuisses Car se tu lez treu
ues grosses et plaines de char et que la char de la poitrine fut aussi haul
tz cōme est los de lapitrine cest quil soit gras dōcques se tu le treuues
gras et biē mue � sez pennes fermees et semees dōne luy amēgier quāt
il vouldra mordre en la char au matin biē matin � vne bechee oudeux de
bōne char chaulde ne luy donne que vng peu amēgier au vespre si ne fai
soit tropt froit Et quāt tu verras quil mengera voulentiers sans se que
lon lefforce si luy dōne delachar lauee en ceste maniere prenez les tellez
dune poullecte ou delachar de la fesse dune cuisse dūg lieure ou de char de
beuf � le matin au poin du iour lauez la char q̃ luy voullez dōner en deux
eaues nectes et clere Et se cest beuf ou lieure soit esmagre ou poucher de
dans leauue et grade q̃ acelle heure tu aies prins ton faulcō et mis seu
remēt sur le point � soit trampe ta char en la tierce eauue Et apres sou/
leil leuāt a bechee ton faulcon dung peu de bonne char tant cōme motie le
snrcieux dune cuisse de geline et biē bonne � chaulde Et quāt biendra a
heure de midi si luy dōne cha trāpee bōne grosse gorgee et le laisse ieuner

i   i

iufques au vefpre bien tart et fi la boutee fa viande aual et quil naift riẽ
en gorge donue luy vng peu de char chaulde cõme tu fais le matinꝛ ain
fi foit gouuerne tant quil foit tamps de luy donner plume Et fe fauras
tu par trois fignes Le premier eft quant tu trouueres au bout louure
de ton faulcon plus ieune char et plus molle quelle neftoit par auant ꝗl
mangaift char lauee Le fecon fe les efmutz de ton faulcon font clers
et blans et que le noir qui y eft parmy foit bien noir fans aultre ordure
meflee par my Le tiers fe ton faulcon que vois quil aift meilleur fain
et plus afpre et quil plume voulentiers fe font fignes a quoy on fe peult
aparceuoir quil eft tamps de luy donne de la plume fil la veult mãgier
Sy te dirons cõment tu luy donneras plumes foit faictes de trois cho
fes on les fait de piez de lieures de piez de counil et de coton de la plume
qui eft fur la ioicte de lefle dune bielle getine\luy doit on donner des plu
mes fortes adigerer pren doncques le pie dun lieure de deuãt ꝗ foit efta
che au dos dun coufteaux tant que les os en tõbent et les ongles hors ꝗ
que les os des oxieulx foient moulus puis les couppe et les met en bel
le eauue froide et clere et lefpraing et luy donne deux befchees de bonne
char lauee et quant tu le meftras a la parche fi la netoie deffoubz affin ꝗ
tu la puiffe trouuer fi la trouueras en velopee de tayes et plainne de gle
re et dordure Et ainfi luy donne cefte plume iufquez a trois nuis ou qua
tre et la char lauee cõme deffus eft dift Et apres fe temps que vois fez
plumez trop digerees et moluees et quil aift grãdement tare et ordure
prans a doncques le col dune bielle geline et le couppe tout au loïg par
entre deux ioinctez et met lez ioinctes en leauue froide et les dõne a ton
faulcon a mengier et ne luy donne aultre chofe que mengier Sy te dy
ray pourquoy on luy donne lez ioictes du col de la geline a mengier pour
ce quil boute aual en fa mule et confift la char qui eft fur les ioinctes et
les os des ioinctes demeurent qui font agues et cornuez et defrompent
les taies et lordure et apportant auecques eulx grandemēt lordure ꝗ ce
luy donne par trois nuitz En luy donnant toufiours char lauee emmy
le iour fi comme il eft dift deffus puis recouure a luy donner plume des

trois que nous auons deuisees selon ce que tu verras que ton faulcon
sera fort et quil sera necessaire Et quant tu verrasque ses plumes serōt
moins ordē et moins degerees si luy donnes plume de lesle dune vielle
geline et luy en dōne auecque vne ioincte ou deux prinse en lesle mesme
de la geline cōme tauons dist et se tu treuues quelle ne soit trop molue
si luy donnes telles plumes x aucuneffois le col de la geline descope ain
si cōme dist auons Et ainsi doit on gouuerne vng faulcon qui veult biē
essumer Et sachez quil est aulcuneffoiz quinze iours aincois q̄ vng faul
con que lon essume vueille mengier plume et aussi quil ne soit temps.
Et note qun faulcon prant esseinemēt en vng mois plus toust que daul
tres en cinq sepmaines se non ce q̄l ont este de plus loing tēps en main
donne et quil sont de plus forte nature et peuz de plus nectes viendes x
aulcunes en y a qui sont si fors a mener que pour estre plus fors purgi
et on leur peult aulcuneffois donner vng grain ou deux dung arbre qui
est nommee par son nom tacapuche la quelle grainne est mise en vng
petit boullet et donne au faulcon amengier la quelle luy donne grant
purgacion\mais ie ne loc mie q̄ soit fait si grant mestier nen nest especi
allement au faulcon gentilz car elle est vng peu corrorive Et vault mi
eulx pour faire plus loing esseinement et plus seur Item se tu as trait
ton faulcō de la mue et ses grosses pennes sont sommees ou quil en ait
encores ou tuel ne luy donnes char lauee mais luy donnes char doisel
aulx vifz a bonne gorge et le tien en lair ou aultremēt ses plumes pour
roient affaictier et a neantir Et ainsi soit fait que ses plumes soient biē
pisures et prest que soumees

¶ Cy deuise cōment et par quelle voye on fait tost muer vng faulcon.

Apprantis demande cōment on fait tost muer vng faulcon Et
despiller de ses pennes Modus respond il aduiēt souuent que
vng faulcon ne prāt pas mue en temps deu et quil gecte ses
pennes et se mue si tart que la saison se passe quil deust vouler aux opse
aulx de riuiere auant quil puisse estre prest de vouler pourquoy on doyt
son faulcon haster de prandre mue qui veult charneer et vouler la saison

i ij

diuer en ceste maniere seton faulcon ne gectes nulles plumes ne deses
plumes ou moys de iullet tu en peutz bien touler tout le moys daoust
passe met aulx piees et aulx poriz Et le moys daoust passe met le en
chambre assez chaulde x le met sus vne cloue ou sur vng plot aquoy il se
ra a tache Et que la chābre soit si orbe que on ny voye mie goucte et luy
donne a mengier deux fois le iour et qʼl ne voye a mengier fors a la chā
delle et luy donne a mengier oyseaulx vif et le garde ainsi tant quil soit
gras et en bon point puis le fay veoir par vne fenestre biē petite et luy
soit creue de iour en iour et adoncques mect grant paine dauoir menus
oyseaulx qui hantent les riuieres qui sont appellees bergeronnectes x
sont petis et ont la queue longue Et pource quil en ya de plusieurs ma
nieres nous te parlons des terdes et qui de celles pourroit auoir \puis
en donner deux fois la sepmaine bonne gorge cest vne chose qui merueil
leusement leur fait prandre mue et gectes grosses pennes et des menu
es plumes Encores pour plus toust vng faulcon estre mue et despille
de toutes ces pennes a vne fois le peult on faire en ceste maniere lon
prant vng serpent et est si tresbien batu dune verge de couldre tāt quel
le est morte puis est de couppee par couppōs et soit ostee la teste et la que
et tout le demourant est mis en vng pot de terre tout neuf et plain de ble
et deaue clere de fontaine et fait si fort boulliz que la substance de la ser
pent soit ostee en leaue puis soit celle eaue puree en vng aultre vais
sel Apres on prant de beaulx forment et mis dedans celle eaue q̄ doyt
estre bien chaulde si comme elle bient du feu et doyt le forment tramper
tant q̄e leaue soit bien stoyte et que le forment soit bien confle puis
soit mis en vng hault lieu set pour mieulx secher Et de se forment soit dō
ne en vne geline a mengier par ix·iours et de celle geline donne a mō
gier a ton faulcon vne gorge ou deux Et quant tous luy donneres quil
soit fort et gras et tantoust se mura et gectera toutes les pennes et tou
tes ses plumes Et se despillera ainsi tout a vne fois·

Cy deuise comment on fait gairir vng faulcon qui a ters au corps·

Apｚantis demande Oｚ nous dictes fire de ces maladies q̃
a faulcon peuuent tenir et quelles elles sont a cõmant on lez
gariſt Modus reſpond moult de maladies peuuent tenir au
faulcons et aux oyſeaulx dequoy les vngs ſont curables et les aultrez
hon Sy vous dirons des plus cõmunes cõment on en peult garir Jlz
aduiẽt aulcuneſſois en faulcons et en aultres oyſeaulx quilz ont vers
ou coｚps ſi le ſauras paｒ ces ſignes Quãt vng faulcon a vers au coｚpz
et il fait tout vng iour vng eſmeut vert et iaune et trãble la queue tｚois
fois ou quatre lune apｚes lautre ſans trop croler le coｚpz en regardãt
touſiours a terre Et ſil fait ainſi ſachẽ quil a vers ou coｚps grãs ſi luy
feres ceſte medicine Pｚenes a loue a pati auſſi gros comme vng grã
de pois et ſoit bｚoie en vne eſcuelle puis ſoit deſtrampe deauue clere tier
de plainne dune eſcuelle deſtaille de noir a ſoit terle a loiſel malade paｒ
my la goｚge et luy faictes le au matin a ieun Et apｚez grant pieſſe luy
donnes vne cuiſſe de geline qui ſoit ieune trampee en eauue auecques
ſucre car le ſucre oſte lamer de la goｚge apｚes lautre iour luy donne vne
cuiſſe de poulle en vin de pommes de gｚenades puis luy donnes amen
gier de coulons ieunes par trois iours la char et les oſtz ſans la plume
Et le mectes en lieu obſcur et il ſera gaｒy

Pouｒ garir vng faulcons qui a poulz·

E ton faulcon a pieulz aultrement paoulz tu les luy oſteras
en ceſte maniere ſans luy oｚpimer ne faire choſe de quoy les
pennes aient aultre couleur Pｚenes once de letaſiſaige et ſoit
bien molue et pｚenes vng pot de terre tout neuf qui tiengne vne quaｒ
te bien largement et ſoit empli deauue bien clere puis mectes la poul
dｚe dedans et faictes boullir et ſoit boullie quelle biengne a la moytpe
puis ſoit coulle parmy vng dｚap en vng baſſin et quant elle ſera tiede
ſi en laues voſtre oiſel a ieun quil naiſt riens en goｚge puis le mectes
a lombｚe tant que on neuſt chante vne petite meſſe puis le mectes au
ſouleil et ne luy donnes que mengier tant quil ſe ſoit pouｚoint · Et ſa
chẽ quil naura poulz aultrement de toute la ſaiſon Aultre maniere

i iij

œ oster poulz sans opiner vng oysel prenes eauue que vous trouueres dessus vne souche œ hayne vert qui aura este longuemen̄t œdās le creu de la couppe œ celle souche puis prenes du vif argent plaine vne petite escruille œ noyz et le mectes au fons de voltre paulme et œ celle eau ue au cqles et soit mōdiffie estant en celle eauue a voltre œoy Et quant tout sera bie mesle ensemble et œffait si en oingnes la chouque du pie a voltre oysel vne fois ou deux et ia poul ne œmourera qui ne meure ou q̄ ne sen voise mais ce ne œit on mie faire se loisel est gras Et aussi œit on oindre le fons du pie comme la chouque · Orpin oste bien les poulz mais il fait c̃angier le plumaige et si fait mal a la langue œ loisel quāt il se puroint et aussi fait la senteur quant il eschaulffe

¶ Ci deuise comment on guerist oisel œ chancre

E vng faulcon ou vng aultre oisel achācre œdans le bec pre nes œ miel et œ vin blanc et faictes tout bien boullir ensem ble et luy en laues la bouche et le mal puis lessuies tres bien n mectes dessus œ la pouldre œ chieurefueil si garira Ou aultremēt pre nes eauue œ chieurefueil et eauue œrbe robert mesles ensemble et en soit laue le mal puis soit mis dessus œ la pouldre œ chouquet bien œlie si sera bien tost gary

¶ Commant vng faulcon garist dune fontainne si la au pie

E vng faulcon a vne fontainne au pie vous le gariez en cest maniere prenez du romarin du plus biel que vous puures et non pas œ la fucille et le faictes ardoir puis prenes la cendre et prenes œ loingnemēt blanc rasir et ouille rosat et gresse œ geline et mesler tout ensemble et faictes tout boullir en vng pot n œ ce soit la ue en tour le pie et il garira

¶ Coment on garist vng faulcon ou aultre oysel qui a le pie ensle

E voltre faulcō a le pie ensle sans aultre maladie prenes vng pain blāc le plus tēdre que vous pourres et quil soit cuit œ la iournee Et en prenes vng peu et œ sauō mol ou argille rouge vng peu œ sang œ geline et œ vin blanc et faictes tout boullir ensem ble et luy lies entour le pie si garira ou p̃nes boliarmēt terzestel esgau ment et ſoient amolies ouïlle roſat et de ce ſoit oing le pié tout entour·

¶ Cy deuiſe cōmēt vng faulcō ou aultre oiſel peult eſtre gary des taignes

Ē vng oiſel a les taignes en ſelle ou allieurs prenez vne pier
re de chau bien biue et la mectes en vng baſſin ou il aiſt de tel
le eauue et luy laiſſes toute la nuit et de la greſſe qui ſera par
deſſus leauue laues ē ſelle de voſtre oiſel quatre iour ou cinq a il ſera gari

¶ Cy deuiſe cōment on peut garir vng faulcon qui eſt caſſe au corps

Ē ton faulcon eſt caſſe dedans le corps prenez grainne de bouſ
tois et lui donnez a mengier auecques ſa char et il garira ou
prenez ius de balſaunicte et mettez les deux pars de lait de
chieure et le tiers du ius et ymoulier la char q̃ vous donneres a voſtre
oyſel dedans et lui donnez par deux foiz et il garira·

¶ Cy deuiſe commēt on gueriſt vng faulcon qui a la lainne puante

Ē vng faulcon a la laine puente il lui bient du poulmō quil
a trop gras prenez vne grainne q̃ eſt appellee grainne doul
trenier qui reſanble a conmun fors q̃lle eſt plus menüe et eſt
trouee cheulx les apothicaires ſy lui en donnez auecques ſa char et il
aura bonne alaine

Ē voſtre faulcon a les filendres vous le ſaurez aſſez es mues
qui ſont plaines dune maniere defillez de char longue et au
cune fois luy en pen vng aucul cy le gueriz en ceſte maniere
prenez vng franc pimpenel et ſoit eſcoche et coupe au deſſoubz du non
bril ſy prenez la partie de vers la queue a ſoit vng peu moillee en bin
blanc ſy cōme vous le donnerez a voſtre oiſel et luy donnez celle pue
a menger a ainſi ſoit fait par trois ſois ou quatre manieres ſa premiere
biende a il ſera gary

Ē voſtre faulcon ſaiche a amaigriſt a ne peul on ſauoir quil a
bous le ferez en ceſte maniere donnez luy amangier petiz oy
ſeaux de bray a ſoient hachez et moillez en lait de chieure et ne
luy en donnez qun peu a mengier a la fois et le paiſſiez trois ou quatre
fois le iour tant q̃l ſoit gary Or prenez limaſſes rouges a ſoient arſſes
et en ſoit fait poulore a celle poulore ſoit miſe ſur ſa char a petite quātite

i iiij

cest vne chose qui moult leur bauldra·

Se vostre faulcon a grosse alainne et quil boute sous luy serez
ainsy prenez le poulmonlt du gopil & le bruler et en faire pou
dre et mectez sur sa char quantil mangera et faictes tant quil
soit gary·

Se vostre faulcon a mal aux yeulx de coup ou de taies q̃ luy soit
venus es yeulx prenez vne herbe qui est appellee silago mer
ueilleuse et est bonne en medesine et croist en les vielles gachi
eres et croist pres de terre et est chaulde et creppu des fueilles mectez le
ius de celle herbe en leueil de voltre faulcon en esclissant dedans ou leau
ue est faicte de roses cest eauue qui vault moult a toutes maladies des
yeulx et par especial doiseaulx et est bien esprouuee·

¶ Cy deuise comment on doit faire reuenir vne plume ploie

Se voltre faulcon a vne plume en lelle ou a la queue ploie ou
froissie mais quelle ne soit rompue tout oultre vous luy feres
tenir en ceste maniere prenes le tige du chou et le mectes sur
les viues cendres tant quelle soit bien chaulde puis ostes et la fendes
du long puis mectes dedans la fente de la plume qui est ploie et cassee et
la mectes en droit la cassure et estraingner la tige du chou lune contre
lautre Et luy tenes tant quelle soit froide puis luy mectes en telle ma
niere vne aultre tige chaulde et la plume reuiendra a son droit telle com
me dauant Ce mesme fait la tige de lerbe de couleuure qui est appellee
a medicine tintimale·

Se voltre oisel a la plume rompue tout de hors vous luy remectres
en ceste maniere prenes dez esguilles qui sont faictes pour en
ter pennes doiseaulx qui sont poinctues au deux boutz et colte
lees comme vne esguille de pelletier et la mectes tramper en eauue ou il ait
de gros sel escorchie puis prenes la penne rompue de vre oisel et en coupés
pres le bout a vne force q̃ soit droit couppe et se la penne est rompue trop
pres du bout pourquoy on ne la peult enter pour le tige de la plum. qui
est trop gresle qui se fendroit quãt on y bouteroit lesguille soit doncqs la
penne couppee plus a moult vers le corps de loisel Et pour ce faire fault

que tous soies garny de bônes estrâges penues muees ou samblables
a celle de ton oisel pres doncques bne penne telle côme celle de ton oy/
sel et la couppe en telle endroit quelle soit pareille aux aultres a telle cô
me la rôpue estoit dauât quelle feust rôpue puis prenes bne des esguil
les et la boutez en celle qui ne tient en loisel et la boutes iusques au mil
lieu de l'esguille qui est en la penne dedans celle qui est en loisel en telle
maniere q̃ lune ioingne a lautre et quil naist point de differance nulle.
S Et ton faulcon a la penne rôpue si pres du tuel quelle ne puisse
estre entre en l'esguille Tu lenteras en ceste maniere il con/
uient que aultun preigne a esbate le faulcon Et quant il sera
prins si pren le tuel qui est en selle de loisel de la penne rôpue et la coup
pe tout droit par le millieu a bng coutel bien trâchant Et bne penne q̃
soit samblable a celle qui y estoit qui ait le tuel entier et le couppe a tra
uers bien pres du bout et boutez bng tuel lung dedãs lautre Et mect la
penne estrâge en la maniere que lautre estoit si côme elle doit aler puis
fault que tu as bng petit poinsson dune delie esguille quarre a la boutez
en trauers des tuaulx qui sont lung dedãs laultre et le boute dun cou/
ste et daultre en deux lieux ou trois puis en fille bne esguille de fil de
soye retorsse et la boutes au trauers des tuaulx parmy les ptuis que tu
auras fais au poinsson puis lie dicelle soye les tuaulx et lez esttainct en
telle maniere quelles tiennẽt bien ensembles et fermement moult le
fôt par aultre boye mais cêst⸱ bault mieulx ainsy enteras en tuel Et se
tuaulx ne peuuent entrer lung a lautre soit lun bng peu fendu pour mi/
eulx lez entrer dedans

Q Uât le roy modus eust môtre ases appratis tous les deux cha
pitre qui sôt de faulcônerie il leur demãda sil boulloiêt oir de
lestat et de la maniere côment on doit affaictier et gouuerner
esparuier et côment on si doit desduire et esbatre Les appratis deman
dêt q̃ bien boulentiers en bouloient oir et que le desduit qui estoit despre
uerie estoit bô et deuisable Et adôcqs dist le roy mod⁹ espuiers sont de
pluseurs manieres a si sen peult on aider puer et este le desduit qui en est
est de puis la madalaine

iufques a la fin de feptembre et en voulēt au perdriaur aur alouettes n
aur cailles Et eſt vng dduit trop plaiſant tant pource que on ne volle
fouuāt que pour les beaur volʒ q̄ vng eſpuier fait Et auſſy pour la cō
paignie auecques qui on eſt Car moult degens hōmes et fames ſe peu
uent deſduir a leſpuier et en bouleret fait vng grāt ranau trauers des
champs et bouler chaſcū en droit foy et la voit on qui mieulr boule le trſ
duir qui eſt deſperuier en yuer eſt bien plaſant non mie tant que celluy
deſte car leſperuier ne fait mie tant de ſi beaulr voltʒ aur oiſeaulr qui
prant en yuer cōme il fait en lautre\le temps et la cōpaignie q̄ ne peult
ainſi eſtre cōme en eſte Eſperuier diuer prant quant il eſt bon la pie le
iay la chuete et la gerffille le bauel le bi de caille le merle le coulon et
moult dalture oiſeaulr Ilʒ ſont eſperuier de fix manieres les vng ſont
mues de bois et ne tiennent point au for aultres qui ſont fors fans nul
les pennes muer ſ̄ ſont iij·manieres de plumaiges et encores en ſont
de iij manieres lung eſt abpelle ramage ceſt celluy qui a eſte a luy meſ
mes\lautre eſt appelle nyes ceſt celluy qui eſt prins ou ny\le tiers eſt
appelle branchier ceſt celluy qui a eſte nouuellemēt ſailly du ny e a eſte
vng peu a luy et ycelluy fait mieulr apreſter que les aultres Eſperuier
ſont de pluſieurs plumes\les vngs ſont de menues plumes trauerſai
nes blanctes\aultres ſont de groſſes plumes que nous appellōs maul
uaiſes ilʒ ſont de pluſieurs plumes Et de pluſieurs tailles\ſi vous di
rons tant de plumes cōme de faiſſon leſquieulr ſont mieulr a priſer qui
a vng eſperuier qui a eſte prins hprs du ny n a eſte vng peu a foy lequel
eſt appelle branchier ſi cōme auons dit aultreffois ſil a la teſte rondec
te par deſſus et le bec groſſet et bien priſie etles peulr vng peu cappes n
et le chernes dentour la prunnelle de lueil de couleur entre tert n blāc
et le col long et groſſet groſſes eſpaulles et vng peu bouſhues et ouuert
vng peu ēdroit les rains et affille p deuers la queue et q̄ les elles ſoiēt
aſſiſes en alant au long du corps ſi q̄ le bout de ſes elles boiſent ſoubz
la queue et que ſa queue ne ſoit mie troupt longue et quelle ſoit de bon
nes pennes larges et ſoient affilees comme queue deſpre il ne doit mie
eſtre troupt hault aſſis

Cestassauoir quil naist mie les iambes tropt longues et quil aist le; ia
bes plates et les piez longs et deliez et de couleur entre vert et blanc et
les ongles poingnãs bien noires et petites Qui a esperuier de celle fai
son il est bien aprisec · Sy vous deuiserons des plumes trauerssainnes
quant elles sont grosses et bien coulozees de vermeil a les nues grosse;
et quil ensuiuent les plume de la poictrine et quil aist le bruel mesle de
mesles trauerssainnes ainsi comme le corps et que ces soucilles soient
blanches vng peu coulozees de vermeil et quil prennent le tout iusques
derriere la teste Esperuiers de telles plumes doiuet estre bons par droit
especiallement quant il est familleux et que les pennes sont larges Or
vous dirons come on doit son esperuier mectre en ordonnance esperuier
de nouuel affaictement doit estre chille en ceste maniere\prenes vne es
guille bien deliee et soit enfillee de bien delie fil qui ne soit mie retors a
soit lesperuier prins et esbatu daulcuns qui bien le sache tenir et celluy
qui le chillera le doit prandre par le bec et luy bouter lesguille parmy
la paupiere de leueil non mie droit a lueil mais plus prez du bec affin ql
voise derriere Et doit prandre garde celuy qui le chille quil ne preingne
la toile qui est dessoubz la paulpiere a la guille auecques la paulpiere
Et ainsi doit on bouter lesguille en lautre paulpiere de lautre part et ti
rer le; deux boutz du fil et nouer sur le bec nõ mie au droit neu mais cou
pe le fil pres du neu et le torze tellement que les paupieres soient si hau
ltes leuees que lesperuier ne puisse veoir goucte Et quant le fil laschera
quil voise derriere et psource est mis le fil pres du bec Et sachez que faul
con; doit veoir dauant et esperuier derriere pour deux caules La premi
ere est que se esperuier voit dauant il plumeroit aual le poing quãt il ba
troit contremont et prãdroit bons esbas la secõde sil veoit dauãt il verroit
tropt a plain les gens et si batroit tropt souuant Or vous dirons en ql
terroy vous debues mectre votre esperuier vous debues faire a votre es
peruier vng geaz de cuir danie bien moillie et de bon conroy et doiuent
estre les boutz dez geaz vng peu reuerser a menumet de coupper au bout
Et doiuet auoir demy pie de lõg a pie mai etre la boite du get et le nouel
q est au bout a quoy on le tiet y doit auoir deux sonnectes et bien sonnãs

Et pource que aulcuns ne mectent tune sonnecte a leur esperuier Mo
dus mist en son liure que deux sont necessaires pour deux causes la pre
miere quil en est mieulx ouy La seconde si est q se lesperuier prant vng
opsel & il le porte au bois pour soy pestre il se boucera en si espes buisson
quil ne pourra estre veu ne oy et illecques plumera son opsel si aduient
souuant que en plumant la plume luy cuure vng oeil pourquoy il se gra
cte de lung des piez pour les ostes et pource est ouye la sonnecte et sil ne
auoit que vne il se pourroit gracter du pie ou la sonnecte ne seroit mye
parquoy il ne seroit point ouy Et pour celle cause luy en sont deux neces
saires Car souuant aduient que pource quilz ont mauuaise sonnecte ou
que vne srulle sonnecte te soit adircees ou perduees Aussi dist modus en
son liure que esperuier qui est affaictie au chapperon en telle maniere q
seuffre quo luy mect vault mieulx que celuy qui nyest mie affaictie pour
cinq causes La premiere est quil sen bat moins La seconde est q quat
il fait mauuais temps de pluye ou de vent il se porte mieulx quat il a cha
peron q sil nen auoit point Et si le peult on mectre soubz son mentel pour
la pluye ce que on ne pourroit faire se ce nestoit le chapperon · La tierce
quil en fait plus de voles et quil en volle mieulx et plus roidement pour
ce quil est moins de brisie que celuy qui na point de chapperon qui debat
souuant et se debrise moult · La quarte est quon luy garde mieulx les
voltz pource quil ne se debat mie tant quon veueille quil voule La quin
cte est quil a meilleur couraige de vouler & si le peult on par tout pourter
sans se quil se debate ne bouge pourquoy chapperon leur est necessaire &
quil soit de bon cuir vng peu en leue endroit les yeulx quil ne luy face
mal.

¶ Cy deuise commant on doit esperuier affaictier et commant il doiuet
estre mis en arroy·

Apiantis demande comant on doit esperuier affaictier Mo
dus respond esperuier sont de diurse condicions Et ainsi come
ilz sont de diuers plumaige et de diuerses tailles ont les ma
nieres diuerses et amoins afaire a afaictier les vng que les aultres

Tant est plus esperuier de bonne fain plus tost affaictie cest vne des ta
ctes que oysel ait qui fait plus apriser que quāt on le treuue familleur
se tu as vng esperuier nouuel prins que tu vueilles affaictier met le pre
mierement en arroy ainsi cōme nous auons deuise Cest assauoir de chil
ler de chapperon de sonnettes et de gectz · Puis doit on essaier a le faire
mengier et luy dois froter les piez de char chaulde en pipant et toucher
la char au bec Et si ne veult mengier si fais tant que tu ayes vng oyse
let vif et luy en frote les piez et loiselet crira et a doncques lesperuier en
praindra le poing des piez et est signe quil mengera adoncque descou
ure la poictrine de loiselet et luy met au bec et il mordra en la char Et
sil veult mengier tantost quil est prins cest signe quil est familleur et sy
mengera si luy donne tout loiselet comme vng moison ou vng pinsson
et autant luy en donne au vespre\et la beche sur iour aulcuneffois mais
quil naist riens en gorge Et quant il sera bien en la char et il mordra
quant on pipera si luy met le chapperon qui soit asses parfont et large
en telle maniere quil ne le destraingne mie en droit les yeulx si ainsi est
vueilles affaictier au chapperon ne te chaille car il te fault qui le morde
et a coustume et garde quil ne le mette bas Et quant il vouldra endou
rer et que plus ne se debatra au mettre ou a loster et quil mengeusse a
tout le chapperon et quil seuffre quon luy mette x oste sans luy memme
ner Adoncques luy admenuse sa vie cestque tu luy dōnes moins ame
gier de char qui ne sont mie si orgueilleux comme de lelle dune poullete
et luy en donne au matin si quil en ait en gorge bien peu quant il aura
enduit cest quil ait mis aual sa biande et quil naist riens en sa fossecte
de la gorge a doncques le pourras abecher sur le iour en luy ostant et re
mettant le cpperon pour luy faire morde et touteffois que tu luy auras
mis en la teste si luy donne vne bechee ou deux de char Et quant biēdra
au vespre tu le paisteras pour la nuit et luy donneras les surcieulx de
poulle iusques au lendemain Et quant tu verras quil sera cheu en bon
ne fain si laische le fil de quoy il est chille mais quil soit nuit quant tu le
feras et quil voye par derriere si comme dist est

est et si peult bien veoir les gens si ne veille toute la nuit quil sera lasche
et quil ait le chapperon hors de la teste affin quil oye les gés et quil les
acoustume Et quāt tu luy mettras si luy donnes deux ou trois bechee
de char et gardes que soies garny dun oyselet vif et luy mettre au pie
lendemain au point du iour Et sil le prant asprement et quil morde en
la char si luy oste le chapperon toust en paix et se tu vois quil soit troupt
est si luy remectz le chapperon le plus en paix que tu pourras et soit en=
cores veille tant quil soit mat Et quant il mengera dauant les gens
voulentiers sans le chapperon et quil sera plus seur des gés ne soit pl⁹
veille mais doit estre tenu vne partie de la nuit entre les gens en fai=
sant plumer et aulcuneffois luy donnes vne bechee de char ou deux en
luy mectant et ostant le chapperon Et quāt tu vraz coucher si le mect sur
vng treteau pres de ton chuet affin que le puisse souuent reueillier la
nuit puis te lieue auāt quil soit iour et le met sur ton poin et luy tiens le
chapperon hors de la teste tant quil voie les gens entour luy Et quant
il les verra si luy met ou pie vng oiselet vif come dist est dessus puis luy
met le chapperon ainsi quil mengera tout en paix Et quant biendra a
leure dune lieue apres souleil leuant luy donnes a mengier vng petit
oisel vif dauant les gens Et quant il aura pres que tout menge si luy
mect le chapperon et luy donne tout le remourant de ton oysel le chappe
ron en la teste Et sur le iour mais quel nait riens en gorge donne luy
vne bechee petit et souuant dauant les gens en luy ostant et remectent
le chapperon en la teste Et au vespre tart doit tousiours auoir le chappe=
ron hors de la teste pour veoir et acoustumer les gés et luy donneras a
mengier pour la nuit sur toust dune poullete Et pour faire encores pl⁹
lasche sa chilleure affin quil voye mieulx quant tu le mectras coucher si
le tien en lieu oscur et luy esclisse de leauue au visaige vng peu affin quil
frotte les yeulx au icincte de ses elles puis le mect sus le tretcau epres
toy et le lieue et le mect sur ton poing auant quil soit iour ainsi comme
nous auons dist et veille et quil treuue le iour et la char chaulde sur
ton poing et quil soit lasche

et quil voye bien dauancet darriere et quil face figne deftre feur entre lez
gens Adoncques le pais dauant les gens et luy dône vng peu de char
chaude et quil nait que biê peu en gorge et aubefpre donnez lui auffi cô
me le fourtrin dune poullete et fur iour la beche petit et fouuât deuât les
gens Et quât tu verras quil fera bien feur dauât les gens demain et
de vifaige fi luy ofte le fil de quoy il eft chille a vefpre bien tart lâdemain
luy donne vng peu de bône char et lautre iour luy donne la cuiffe dune
poullete et au vefpre de la plume dune dun ion de lelle dune vielle geli
ne et ne donne mie groffe plume et luy donne auecqs vne petit iointe q̃
eft en lefle mefmes Et retien que le iour que tu auras donne char lauee
a ton oyfel ne luy donne mie plume et toufiours fur iour dône luy la vef
cixe petit a petit dauant les gens et au vefpre le fay tirer fur vne elle du
ne poullete Ceft vne chofe qui moult laffeure et auffi ne luy dois mie dô
ner plume fil neft bien feur Car il fault quil foit mis fur le poing et que
ce foit bien matin et fil neftoit bien feur il noferoit gecter ains le retié
droit doncques fe tu veulx que ton efperuier foit feur et en bonne fain fy
ten va en vng lieu ou nul ne te feuruiengne fur toy et a befche ton efper
uier dung oyfelet vifpuis le defcharne et le met fur aulcune chofe et luy
tens le poing de bien pres et luy monftre la char et pipe et fil fault fur
ton poing fi luy donne vne befchee de char et fil y vient vouletiers fi le re
clame au vefpre et au matin de plus loing et dauant les gens pour foy
mieulx tenir de luy tant quil foit bien duit de tenir fur le poing On doit
atacher vne longue ligne au bout de fa longe quant ou le reclame Et pi
peret fe tu vois qui face beau tâmps et que le fouleil raye tu luy dois ou
frir leauue pour foy baignier en cefte maniere Qui veult fon oyfel ban
gnier il fault regarder quatre chofe La premiere eft qui foit fain La
fecôde quil foit feur La tierce qui ne foit trop maigre La quarte quil
naift gorge Adoncques emply vng baffin de falle plain deauue et que
le baffin ne foit mie trop parfont et quil foit mis en vng lieu fecret en
vng pre ou allieurs que nul ne feuruieugne fur toy et le tien au fouleil
pres du baffin vne pieffe quil voye leauue pres de luy

Et se tu bois quil regarde leauue et quil face semblant de la bouloir si taprucfe du bassin et luy ouffre tout empaix et si faute de dedans leauue dune petite bergete Et quat il bouldra saillir de hors si luy ten le poin ou la char q̃ doit estre toute preste et le tiẽ au souleil et il se mainera sur ten bing x se pontodra et sachies q̃ cest bne chose q̃ moult asseure bng oysel que le bain et qui luy done bon couraige et le reclamer a bespre de biẽ loing et luy done bonne char chaulde dũ oysel bif et tousiours aprez le bain le bois bien aisier et paistre de bous oyseaulx bif Et touteffois que tu le paistras ne reclameras tu dois piper et sisler a fin quil acoustu me aduenir quãt il entedra piper et sifler\et pour luy faire acoustumer les chiens et les cheuaulx tu le dois paistre entre eulx Et quãt tu le me ttras au souleil mais quil ait boule si le mect a terre sur bng bloquet et illec sailera et ne sera iamais quil nẽ ayme mieulx assoy a soir ater re adoncques aprez le bain tu le treuues en bon couraige tu en peultz bien bouler le ledemain au bespre mais auant que tu laies reclamez a reuenir des abres Et aussi que tu ayes fait finace dug pigon ou8 deux affin que si te faisoit ennuy q̃ tu le puisse mieulx reprandre Et aussi doit auoir este reclame a cheual auant quon bole si te dirons ce qui fault a bng esperuier auant quon en dope bouler\premieremẽt doit estre ascute par beillier et par pourter pour faire tirer par plumer dauãt les gens Zlpres quil ayme la main le bisaige les cheuaulx et les chiens aprez quil soit nect dedans tãt par la char lauee come pour plumes aprez q̃l soit bien a fain et bien reclame de terre et de abres Et saches que esp̃r uier ainsi affaictie que on en peult seuremẽt bouler.

Cy deuise la maniere de son esparuier nouuel faire bouler

Zlprantis demãde coment on doit faire bouler son esparuier
Modus respond qui beult bouler de son esparuier nouuel afai
ctie si en bole au bespre bng peu dauant souleil couchant pour
trois causes La premiere pource q̃ cest leure q̃ ung oysel a la plus ai
gre faim La seconde si est q̃ son bouloit au matin la chaleur du souleil
quant il lieue fait esmouuoir loisel a luy souldre et luy donne et luy fait
le cueur gay pour quoy il pert le couraige et la faim q ne tire que a luy

fouldre et iouer cõtremont pourquoy on le pourroit perdre la tierce fiez
que ſe tu en voſles le veſpre et il te faiſoit ennuy ſi pourroit il mie tant eſ
longuer de toy cõme il feroit contre le iour et la chaleur du ſouleil ɋ croiſ
ſoit touſiours Adõcquez voit on aller au champs en la plus large chã
paigne et au plus loing des abres quõ peult Et quiers les chãps a tes
eſpaignaulx que ton eſparuier ait le chaperon hors de la teſte Et ſe les
perdreaulx ſaillent et ton eſperuier ſambat ſi le laiſſe aller ſi ſault de prez
et ſi ne ſailloit bien a point et tu en pouez vng bien remercchier ſi la lait
ſe querre a tes eſpaignolz et ſi il luy voule et il le prēt ſi luy donnez a mã
gier contre terre emmy la poictrine et auſſi luy donne de la ceruelle du
perdriau et quant il aura vng peu menge cõtre terre ſi luy oſte la chat
et le teſcharne et monte ſur ton cheual loing de luy puis ſiffle et lappel
le et le parpais ſur ton poing Et ſil fault a prandre loiſel a quoy il voule
ra et il ſe aſſiet a terre ou en arbre ſi lappelle ꝗ ſi reuient a toy ſi le pais
mais tu dois mettre grant paine quil ne faille mie au premier que tu
puiſſes et en vouler au premier vol a gros oyſeaulx cõme a perdriaulx
ou a aultre quine puiſſe mie en porter tant quil ſoit bien arreſter affin
quil nen porte mie les menus cõme aloectes ꝗ aultres menus oiſeaulx
Et quant il ſera bien apris de prandre oiſeaulx et que tu verras qui ne
tiendra mie a les en porter Et adoncques tu en peulz bien vouler aux a
loectes Et ſe tu vois quil y vole voulentiers et quil ayme a y voler ſi luy
maine et en ſoit peu car ceſt le plus bel vol qun eſperuier puiſſe faire aux
ꝗ loees ou il y a plus plaiſant deſduit Et ſaiches quil eſt bon touſiours
de donner a ſon eſperuier char lauee ou vne fois ou deux la ſepmaihne
eſpeciallement quant il vole aux aloectes Car le ſang et la char des alo
es eſt chaulde et ardant et auſſi la plume bien ſouuant mais ne luy en
donnez point le iour quil aura mengie char lauee ne auſſi le iour quil ſe
ta baigne Et ſi en ceſte maniere eſt vng eſperuier gouuerner il ſera bon
et bien voulant Et en doit on bien amer le deſduit pour quatre cauſes
La premiere eſt pource que le deſduit eſt bon et plaiſant Le ſecond eſt
quant on eſt en bonne cõpaignie et on les range et chaſcun ſon eſper
uier on voit vouler le ſien et les aultres et y a on grant plaiſance tant

pour la bonne compaignie cõme pour le bon deduit. La tierce si est que
cest vng deduit que chascun peult faire par luy Dames et damoiselles
chascun et chascune peult auoir son esparuier et en vouler en gibiers et
doit auoir la dame aulcun qui pais son esparuier quant il aura prinse
la louecte qui la rapporte sur le poin a son maistre ou a sa maistresse et
quant il fault il reuient de nouuel et tielx esperuiers sont appelles esp̃
uiers a dames. La quarte cause si est pource que la saison des gibiers
est belle et bonne doulce et plaisant et si nest mie longue. Dieux comme
cest beaulx deduit de veoir prandre bne a louecte a lescource a vng espar
uier quant vng bon esperuier a chascie bne aloe bas et hault et il la lais̃
se si hault quõ peult regarder et vng aultre esperuier la couecte et cour
rocie et on la laisse aller si la va requerre si roidement en voulant contre
mont que belle chose est a regarder Et puis quant il bient a luy si lenui
ronne et ne la peult prandre et la loee plonge et bient a terre & lespuier
auec et se met entre les cheuaulx et se cuide sauluer et lesperuier la prãt
si est plasant chose a veoir a cellui a qui est lesperuier et a ceulx q̃ regar
dent Combien que le roy modus mist en son liure le fait et la maniere

te tous aultres oiseaulx les deduis côme de lostour du gierfault du la
nyer du saquere de lesmerillon du hobier\nay ie mie mis en cest liure q
le fait et la maniere des deduis que du faulcon et de lespernier tât de lez
affaictier comme de les faire bouler et les deduis quon y prant pour qua
tre causes La premiere si est pour cause de briefuete car la matiere se
roit tropt longue La seconde si est pource que le deduit du faulcon et de
lespernier sont les plus delictables et ceulx qui sont mieulx amer et pri
ser La tierce si est qui scet bien aider des faulcons et desperuiers a y ne
scet mieulx les aultres gouuerner Et qui veult son enfant aprandre a
affaictier et gouuerner faulcons si luy bailles hobiers pour affaictier
en luy monstrant commêt il doit faire Et se on veult ql saiche gouuerner
gerfaulx si luy balles esmerillons a affaictier Et qui scet des esperuierr
le gornernemêt il le scet des austours ainsi par les bngs peut on sauoir
les autres Et sachies certainemêt que qui bienlles ayme il ne peut quil
nem sache et quil nem ioysse · Or bous auons dit et moustre comant on
doit affaictier faulcôs et esperuiers et comât on se doit desduiere et bouler
selon la doctrine du Roy modus ha dieu comant il fait grant creacion a
nature humaine quant il beult ordôner les deduis des chiens et des oy
seaulx de quoy le Roy modus a fait mencion en son liure q beult q bestes
et oyseaulx obeissent a hôme a hôme est biê tenu a seruir dien qui apour
ueu sur toutes ses necessites il nest nul qui peust pancer la grant ioye et
soulas qui bient des deduis des chiens et des oyseaulx il y a en aucune
fois de grans debas entre ceulx qui ayment les chiês et ceulx q aymêt
les oyseaulx Car chescum ayme son deduit au plus plaisant a ameilleur
que lautre et en leurs debat a en moult de rampounmês et de defferâces
si bous diray se quil en a bient bneffois beneurs et faulcôniers estoient
loges en ong hostel si burent et mengerent emsemble puis cômence
rent aparler de leurs deduis Certes dit lung il nya nulle côparroison
entre le deduis qui bient des chiens et celuy qui bient des oiseaulx Car
le deduit qui biêt des oiseaulx bault mieulx et est plus plaisant que nest
celuy qui bient des chiens Adoncques saillit bng des beneurs auant

et dist que faulconz nestoient mie bien creables et quil nestoient q mē
teurs et que vne chasse de chiens estoit plus plaisant a ouyr que nestoit
a veoir le vol des oiseaulx acdont Respond le faulcounier et dist q faulco
uniers estoient mieulx creables que nestoient veneuers Car quāt les ve
neurs on hue et corne aptes les chiens il voyent tant quilz sont tousiō
urs yures Et puis ne font que iangler et mentir a donques dist le faul
cōnier que mieulx valoit veoir le beau vol dun haird q ne faisoit a boir lez
a vais de tous les chiens du monde dont respondit le veneur que faulcō
niers nestoiens que vne droicte poullerie et q quant ilz venoient de voler
il meccoient leur faulcons au souleil pour eulx espillier et q semblable
ment cuoiēt leurs poulx auecques leurs faulconz Et que aussi grant biē
faisoit a veoir le vol dun coiteau qui desbat vne escoffle cōme fait a veoit
le vol dun faulcon a haiton dont dist le faulcōnier nous ne sommes mie
poulleul entre nous faulcōniers mais veneurs ne font q estroicemere
car ou veneurs sont on ne sent que estront de chiens a quāt ilz sont venus
alassemblce quilz vont au bois au matin ilz mouroient silz nauoient du
laict et boiuent a pres tant qlz sont yure a dōcques dist le veneurs tous
les estrons que noz chiens font vous feussent en lagorge adōques prīt
le faulcōnier son louerre et endōna au veneurs par my lateste et le vene
urs prant son cornet et frappe le faulcōnier par my leschine et tous les
aultres saillirēt et les departirent a grant paine et firent tant quilz lez
departirent et a paiserent la noise Adoncques dit lūg deux vous bous
debates de neant car deux dames firent bng argumet de ceste matier
et la firent mectre en rime et lenuoierent au conte de tancaruille pour
estre iuge du quel argument iay sur moy la coppie Adōncques dirent
les aultres il fault quil soit leu si orons la conclusion de nos debas et cō
ment il a este iuge Adoncques commensa adire icelluy il nous fault
encois afermer ceste paix et tous dirons que nous ferons Entre vous
veneurs vous aues de bonne venoison de bestes noires ou il y a de bōne
biandes grant foison Et entre nous faulconniers auons des oiseaulz
de riuiere et deux ou trois haitons pourquoy nous pourrons faire vng

beau difner de main et illecques fera faicte la paix et confirmee de fes
deux côpaignons Et les ferons boyre lun a lautre et fi ne nous couftera
rien s le difner que en pain et en vin Et fauez côment il en fera ozdône
quant nous aurons difner ie lyray le iuiement de ceulx pour qui la fen-
tence fera donnee paira le pain et le vin adce facozderent tous les com-
paignons lefquieulx dirent que le difner fuft touft preft quant ilz bien
dzont des bois et des riuieres ou il allerent les ungs bouler et lez aul-
tres chaffier Et quant il furent des boys et des riuieres reuenuz ilz cô-
mancerent a parler enfemble des deduis quil auoient euz ou boys a du
riuieres Et difoient les faulcôniers que leur deduit auoit efte meilleur
que cellup au veneurs et les veneurs difoient au contraire ainfi febatoi-
ent de leurs deduis puis fe mifdzent au difner Et quant il eurent ung
peu menge il demanderent aux deux qui entrebatu feftoient quelle chi-
ere il faifoient lung a lautre Et en non dieu dift le veneur qui auoit efte
fereu du lourze ie debueroie bien reuenir a cellup qui me lourza car onc-
ques faulcon nauoit efte mieulx lourze que iap efte et fi ne menge onc-
ques fur le lourze les aultres cômācerēt tous a rire et a dire que ceftoit

k iij

mal fait qui ny auoit menge Adoncques lierent fur le loerre les deux
cuiffes dun heron et lup baillerent a il commanfca a menger a fes deux
cuiffes Et a doncques commencerent a huer Comme ce fe feuft ung faul
con Comment dift celluy qui nauoit efte feru que du cor Onques cor
natt ne fuft fi a corne comme ie fup il mengue fur mon loerre Je veul
lorrer a lup a mon cor Adoncques fut le cor emply de bo vin et comenfca
a boire et les aultre commencerent a corner et huer comme faulconiers
et veneurs tellement que les gens de la bille ou il eftoient y coururent
ainfi firent la paix des deux compaignons puis dirent quon fceut le iu-
gement et celluy prent fon roelle et dit ainfy

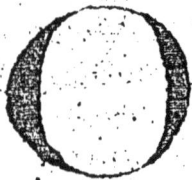

O R ie vous diray com‑
mant
  Il se fist ung argu‑
ment
De deux dames icunes et beaulx
Lune auoit chiez a lautre oiseaulx
Sy aduint cest chose certaine
Huit iours aps la magdalainne
Qun cheuallier aloit chassier
Et sa femme quil amoit chier
Le deduit des chiens fut alee
Et auecques luy fut menee
Pour soy deduire et de porter
Nouuelles qui trouueront
Grant cerf et si le chasseront
Et sil firent ilz brayement
Ilz chasserent longuement
Icelluy cerf a grant enuy
Le seigneur et la dame o luy
Sy treffort les chiens si errerent
Que le cerf abaiant trouuerent
Empres lostel du cheuallier
Qui estoit ale au gibier
Et sa femme ou luy fut alee
Qui ont prins dune grant volee
De perdriaulx a son oisel
Et reuenoient en son hostel
Car il estoit ia pres de nuit
Lautre dame a tresbon deduit
Ot prins le cerf en lariuiere
Qui cloil lostel par derriere

Celle qui tenoit de bouler
Sy ont huer et corner
Dont elle fut toute esbaie
Sy bint luy et sa compaignie
Ou le cerf auoit este prins
Dont il furent tous entreprins
Et quant les dames sentreuirer
Tresgrant ioye elles sentreffire
Et allerent droit au mannoir
Ou illecque failloit remanoir
Et les cheualliers autressi
Sentre firent grant ioye aussi
Sy aloient entre eulx parlant
Et leurs deduis deuisanz
Dame fait celle a lesperuier
Vous estes lasse de chasser
Mais touteffois dieu mercy
De ce quil cest fait prandre ycy
Nous auons bon deduit oy
Et si nauons pas tropt coru
Comme vous aues en chassent
Et si sommes aler boulant
Et auons prins des perdriaulx
Et si ne cuide que nul plus beaulx
Ne plus delictable deduitz
Peust estre que celluy dennuit
Car nous auons souuent vole
Et sommes bellement ale
Les oiseaulx font meilleur deduit
Que nest celluy qui tousiours fuit

Elle qui a le cerf chassie	Dont dist au seigneur de lostel
Sy respondist de cueur corrotie	Cyre qui vous semble plus bel
En disant nul ne pourroit faire	Chasse de chiens ou vol doiseaulx
Plus deduit ne qui mieulx plaire	Uostre femme tient au plus beaulx
Deust a ceulx qui ou bois vont	Et a meilleure la volerie
De la chasse que chiens font	Et riens ne prise venerie
Car il nest cueur tant corrosse	Sy en feray bng argument
Qui ne soit tantost recouure	Sy vous requiers bonnement
Daler apres ou au deuant	Que iuge nous veilles trouuer
Cy les oit venir chassent	Qui en saiche de terminer
Le villain dist en reprouer	Le cheuallier dit ie loue roy
Que chastel volant na pas chier	Sy vous plaist ie nommeray
Pourcequi na point darest	Car il est saige et loyaulx
Le faulconnier est tousiours prest	Et si scet de chiens et doiseaulx
De fuir apres son faulcon	Plus que nul homme a mon aduis
Et si deffault vostre raison	Bon cheuallier est et hardis
Autre vy qui la tenoit pres	Et na en luy ne barat ne guille
Darguer si luy dit empres	Cest le conte de tancaruille
Dame or laissons ceste matiere	Et luy ont dist andre beau sire
Et faictes ceans bonne chiere	Qui est loyaulx et bien assigne
Et toute nuit nous parlerons	Et nous la cordons bonnement
A soustenir ceste raisons	Sy veult faire le iugement
Quat oiseaulx a plus beaulx deduit	Uant il vindret en la maison
Quil nya en la loy des chiens	On fist venir la venoison
La comparesonsi nest riens	Et le cerf pourtoit xi cors
Uant il viendret ps de lostel	Et si estoit bien grant de corps
De quoy a la dame fust bel	La dame qui auoit chassie
Qui auoit fait du cerf la prinse	Sy dist est le bien gibicie
Ilz oyrent corner de reprinse	Ma dame prenes alie chiere

Mectes en voltre gibeciere
Voltre esparuier teroit bien glet
Cil emportoit tel oiselet
La dame commansca a dire
Et si ne voulloit nul mal dire
En la maison de son seigneur
Tous crierent on est poru
Lors dist le seigneur de lostel
Nous auons si tresbel reuel
Oncques homme son pere ne vit
Auant il est pres de souper dist
Doncques se sont assis a table
Qui fut la nuit si delictable
De bons vins et bonnes viandes
De grans rizees et de demandes
Oncques gens plus aise ne furent
Et si mengerent bien et burent
Et tantost salerent coucher
Car ilz estoient traiuaille
Et si aueient bien veille
Et sachez quant ilz sesueillerent
De bonne voulente penserent
Par quel fait et par quel moien
Seroient leur argument
Et quant il vint a soleil leuant
Que le iour fut cler et luisant
Et les oiseaulx en leur katin
Chantoient tous a ce matin
Les cheualliers furent leues
Qui furent bien entalentes

Douyr leur femmes arguer
Dist lung a lautre alons leuer
Ces femmes et si les menons
Combatre ensemble si verrons
La maniere de leur discort
Lors sen alerent dun accort
Alleurs femmes et les trouuerent
En semble ou ilz satournerent
Sy leur prindrent au demander
Estes vous prestes darguer
Oil font il a ce matin
Or venes doncques au iardin
Apres nous car nous y alon
Illec en droit disputeront
Les dames si vont au vergier
Apres leurs maris solacier
Dont dist la dame a lespuier
Dame vous deues comecier
Non voy fait elle par raison
Car par vous vient la question
Se... ac diz elle ie diray
Puis q.. dire dauant vous doy
Dame ie vous disoye arsoir
Dont ie vous fiz le cueur doloir
Quen oiseaulx plus beaulx deduit
Plus delbat et moins dannuit
Quil na au deduit des chiens
Enuers celluy doiseaulx nest riens
Et mest aduis ie le croy
Sy vous diray raison pourquoy

Quant a parler selon raison
Nul ne pourroit comparison
Mettre entre chiens et oiseaulx
Que nature a fais si beaulx
Sy ioines si courtois si iolis
Sors ou mues si tres polis
Que plaisans sont a regarder
Cyles peult on bien porter
En chambre de roys et de contes
Et sans y faire nulle honte
Car oiseaulx sont de telle nature
Quil sont netz sans nulle ordure
Vop endroit ne dictes riens
De lorde nature des chiens
On les mainne sur les fumiers
Non pas au chabres des cheualiers
Il couuient estoupper son nez
A qui les veult veoir de pres
Or ay parle du premier point
Ung aultre y a qui bien tous pit

On peult bien oiseaulx porter
De soy duire et de porter
Ce ne peult on faire des chiens
A lostel menguent les biens
Alons sur la tierce raison
Comment pourroit nul hom
Qui par chose si tres petite
Comme vng faulcon desconffite
La grue le tige sauuaige
Il y bient de tresgrant couraige

Le vol dun hairon bien montant
Esse point chose bien deduiant
Qui monte hault iusques es nuee
Le faulcon luy fait des donnes
Et par derriere et par dauant
Ainsi vont ensemble sourdant
Quon ne scet que tens deuient
Et puis aulcuneffois aduient
Qui le prant hault par la teste
Cy se suiuent comme tempeste
Courant iusques a la terre
Nul ne peult plus beau deduit querre

Departement dirons la maniere
Comment il prent oiseaulx de riuiere
Qui a vug bon faulcon haultain
Et il bient a vng beau plain
Quil y a estang garny
Doiseaulx de riuiere parmy
Cannes malart qui vont noant
Les menus ne sont pas seant
De voler se veullent haster
Et font les faulcons degaster
Cy vont si hault quil nest nul homs
Qui gaires les puisse veoir
Et pour faire oiseaulx mouuoir
Varient et tabourent formement
Et les oiseaulx contre le vent
Ce mectent tantost a vouler
Que les faulcons font deualler

Sy toft comme fouldre et tonnoire
Sy fierent les oifeaulx a terre
Et fe refoulent contre mont
Ceft merueille de ce qui font
Doifeaulx tuer en my les pres
Et les aultres font reboutes
En leauue trop parfondement
Puis renouuellent hault afpremet
Et prennent des oifeaulx affes
Qui font illecques amaffes
Or nous auons dit du faulcon
Nul plus beaulx deduit ne voit on
Sy vous dirons de lefperuier
Ceft vng deduit que ie tiens chier
Sy feray ma quinte partie
Du deduit de lefpreuerie

Ng bon efperuier pour aloe
  A bien deferui quon le loe
Et quant plufieurs vont en gibierz
Jeunes dames et cheualiers
Et checum a fon efpreuier
Et vont en femble en gibier
Lung fault laultre pret lautre bole
Et lung de laultre fe rigolle
En fe a bon efbatement
Et volent menu et fouuuet
Prennent a loes et perdris
Sy vous diray fe meft aduis
Le vol quun efpreuier fait
Sil eft bon et bien parfait
Se vng efpreuier a bien chace

Une aloe et il lait laiffee
Sy hault que ou peult regarder
Vng aultre le fien laiffe aler
Sy tire tout droit contre mont
A la loe qui boit a mont
Hault la triboule et fait guerre
Et la loe defcent a terre
Et bienent en femble fondant
Comme font deux pierres pefant
Et entre fes cheuaulx fe tent
Puis yeft grant efbatement
Auffi lifbatement eft bon
Quant on le prent bien de Rendon
Et la raporte fus la main
De fa maiftreffe foir et main
Et moult y a daultres oifeaulx
de quoy lez deduitz font molt beaulx
Mais pour briefte no9 regarderons
A lefparuier et au faulcon
Et ma conclufion feray
Que les termes que monftreray
Quen oifeaulx a pl9 beaulx deduis
Quil na en chies xx foiz cotre viii
Et cefte matiere prouueray
Tantoft le mieulx que ie pourray
Le faige piefca dire fceut
Qui a deul voit au cueur deult
Pourtant ay cy ramentu
Deduit doifeaulx eft fi beu
A lueil qui eft le meffagier
De plaifans nouuelles noncer

Par deuāt tous aultres messagierz
Je attans les tesmoing des saigez
Que deduit vient plus du regard
Que doupr se dieu me gard
Lon oit pour le deduit des chiens
Quant on ne voit se nest riens
Le delit deux est en ouyr
Et ou lon prant plus de plaisir
Sy conclus veu mes raisons
Que les deduis que nous veons
Sont plus plaisant se mest aduis
Que ne sont ceulx qui sont ouys
Par veoir viennent tous soulas
Et tous deduitz et tous esbas
Dont ie dis que noise de chiens
Enuerz deduitz doyseaulx nest riēs
Le iuge que nous prinz auons
Ne sera pas de moy reprins
Que se qui iugera tiendray
Ne iay de rienz nen faulcera

A dame qui chasse qui auoit
Uit et ouyt que lautre auoit
Toute finee sa raison
Et auoit sa question
Mis en termes si cōme luy pleut
Et sus le tout auons conclut
Doncquez cōmensa a parler
Par maniere de rigoller
Et luy dit vous scaues des droitz
Quāt est de moy ie nen scay rien

Non pourtant ie vouldroie bien
Respondre contre voz raisons
Se bien faire le scauons
De ce ne fus oncques a lescolle
Ne de ce cas nouy parolle
Fors qui me samble que voꝰ dictes
Que chiēs sont choses tropt despite
E q oiseaulx sont plus deduirablez
Plus esbatans et plus delitables
Que le deduit qui vient des chiens
Par voz raisons ne valent riens
Et apres dittes ce mest aduis
Oyseaulx sont si beaulx si iolis
Que cest merueille a regarder
Et quon le peult bien porter
En chambre de ducz ou de roys
Tant ilz sont nobles et courtois
Ce ne peult on faire de chiens
Lon les mainne sus les fiens
Et si ont si orde nature
Que deux aprocher na lon cure
Ung aultre vous veul rapporter
Vous dittes quon peult porter
Ces oyseaulx par tout ou len veult
Voler et deduire lon len peult
Celluy qui les porte auecques soy
Chiens ne mainne nulluy o soy
A lostel despendent lez biens
Telles choses ne vallent riens

Encores y a vne raison

Que vous dictes qun faulcon
Desconfit le cine et la grue
Tant la ba que lon la tue
Cest vne chose fort a croire
Qum oisel petit puisse traire
Vne grue ou vng cine a mort
Ainsi est par vostre recort
Le heron prant il de montee
Cest vne chose asses prouuee

OR diray la quarte raison
Vous argues qun faulcon
Puet prandre loisel de riuiere
Sur lestang en belle maniere
Son deduit a lon dung faulcon
Ce dictes vous puis vous diron
Ce que dictes de lesperuier
Vng oisel que mont amoit chier
Cest vostre quinte raison
Et puis faictes conclusion
Vous aues dist que lesperuier
A de beaulx deduit en gibier
Premierement la loe hault et bas
Et y a de tresbeaulx esbaz
Meilleurs ne pl9 beaulx ne puet on
Puis faictes vos conclusion
Et maintenes que les esbas
Et les deduis et les soullas
Qui sont par lueil au cueur rauis
Sont plus plaisans a vostre auis
Que ceulx quon recent par louyr

Je y respondray si soie ouye
OR parlons au comancement
Des termes de largument
Vous argues ainsy et dictes
Quen oyseaulx a plus de merites
Quil na es chiens presentement
Quant aux deduit quon y prant
Cest toute la question
En ce mectes vne raison
A la quelle ie respondray
Mais tout auant ie parleray
Coment sus le fait des oyseaulx
Mectes v·louanges mont beaulx
Du faulcon et de lesperuiers
Aussi des chiens et des leuriers
Mectray ie declarement
Tous les deduis quon y prant
Combien que daultre grant foison
Y a de quoy nous auons raison
Sy mectes en bostre traictie
Ainssy comme ie respitie
Que lon puet en chambre de roys
Porter oiseaulx tant sont courtois
Et que dos chiens ne fait on compte
Je vous prie or oues ce compte
Leuriers sont chies si veul retrait
La bonte dung leurier macaire
Qui se combatit de son maistre
Tieulx leuriets doit on bie paistre
Et les garder a grant delit

Lon voit bien coucher sur le lit
Du roy de france les leuries
Pource quil les ayme et tiét chier
Qui vouldroit de chiens la nature
Raconter ce nest pas ordure
Qui doiue estre es fumiers tenue
Dieu ne fist oncques beste mue
Sy par fait en toute bonte
En piece nauroit on conte
Les bonnes taches et les biens
Que nature a donne aux chiens
De quoy on les doit mieulx priser
Mon fait vous veul expedier
Et reuenir a ma matiere
Sy vous repliqueray arriere
Ce que dittes quon peult porter
Ces oiseaulx et par tout aler
En soy esbatent et deduire
De chiens ne peult on pas ce dire
A ce propos vous respondray
Ainsi comme faire le scay
Doiseaulx porter a sa besongne
Vient aulcuneffois grant a lōgne
Car il sen fuient de ligier
Et font souuent les gens courocier
Ce mes leuriers viennent a moy
Par eulx ne me destourberay
Et si en puis bien querre a trouuer
Bon deduit sans moy destourner
Nos termes ne font point mencion
Ne se nest pals a question

De la beaulte qui est es chiens
Que es oiseaulx ne si fait riens
Ne lesquelx sont mieulx amener
Ce ne doit on point raporter
Et neaut moins ay ie volu
faire response et solu
Or parlerons des beaulx estas
Que font lez chiens cest nostre cas
Aussi aues fait mencion
Et raporte comme vng faulcon
fait beau vol et les espatuiers
Aussi des chiens et des leuriers
Vous racontray le deduit
Mais pour dieu quil ne vous enuit
ANce beau ioly tamps deste
Ques les veneurs ont este
En queste pour dire et noncier
Nouuelles des grans cerf chasser
Et quant il ont dit leur parolle
Lon rit on ioue on rigolle
A la samblee sont tous liers
Les dames et les cheualiers
Et puis fassieent a mengier
De lerbe vert font orillier
Et qui scet bon mot si le dit
De ce nest on mie escondit
Quant ilz sont leues du mengier
Sy montent pour aller chasser
Celluy qui est tenu noncier
Va deuant a tout son limier
Et baet bient la ou il se destourna

Et sa brisee illecquez troilua
Et le limier si va suiuant
Et les chiens apres vont courrât
Cest grant plaisance et grant delit
Aceulx qui ayment le deduit
Et quant a le cerf trouue
Et il oit vng long mot corne
et les chiens sont laissies aller
Adoncques orres vous huyer
Et chasse de cors & de bouche
Se la forest est belle et doulce
Et il y a des chiens foison
A qui donnent merueilleux son
Et si plaisant a escouter
Que nul ne le pourroit conter
Et les dames sont au deuant
Voyant le cerf tenir fuiant
Sy grant de corps si belle teste
Deduit doiseaulx nest qune moste
Jauroie aussi chier vne escoufle
Sus les poussins vollant et son
Comme le vol du faulcon
Et de verite il me samble
Quât lez chiens chassent bie eseble
Et lon oit corner et huer
Len noroit mie dieu touner
Ne naist nul cueur tant soit marry
Qui ne soit bien tost resiouy
Gens et cheuaulx sen esbaudissent
Souuant pestellent et hennissent
A painne les peult on tenir

Quil ne veullent apres fouyr
Quant on voit le cerf abbayer
Ou parmy vng estang noyer
Nest pas si plaisant la maniere
Dy prandre vng oisel de riuiere
Certes ie croiroie annunt
Que en ce mode ait plus bel deduit
Et ingee sera sa raison
Quil est meilleur que du faulcon
Et puis vous dirons du sangler
Qui vault mieulx que desperuier
Qui a adestourner le sanglier
Et a bons chiens pour le chasser
Cest bonne chasse et esbatant
Car il ne va point loing fuiant
Il tourne il fuit et rafuit
Oncque ne fut meilleur deduit
Quant il est chault et est bien fiet
Et se fait souuant abayer
Lung luy court sus lespee traicte
Et lautre ioue de la retraicte
La noise dez chiens est si grant
Les veneurs vont fort huant
A lung\deux fuit a lautre assault
Et vng le fiert et lautre le fault
Vne fois fuit et lautre attend
Aux chiens affuit hyuellautre
Lung fait crier lautre fouir
Il se rent quant il veult morir
Herons et oyseaulx de riuiere
Ne sont mie de telle maniere

Ne sont mie de telle maniere
Pour les prendre se fault despollier
Qui ne veult sa robe moillier
Sy sanglier vient aux teniers
Et ilz prennent voulentiers
Au regarder la grant plaisance
A lung escappe a laultre lance
Et font vng grant tournoiement
Le mieulx qui puet deux se deffent
Et puis est sire le contens
Que on le tue entre les dens
De bons deduit a on de leuriers
Et les doit on bien tenir chiers
Et deux doit on faire grant feste
Quant ilz prennent toute beste
Serf sangliers loupz et lieures
Prennent ilz en toutes manieres
Mais longue chose a raconter
Seroit qui vouldroit tout conter
Or fault respondre a sa raison
Qui fait fin et conclusion
   Dit ainsi aues maintenus
   Que le deduit qui est veu
Et plus plaisant a regarder
Que cellup qui vient dencontre
Deduit doiseaulx est chier tenu
Pource quil est a leul veu
Les deduit qui viennet des chiens
Ne plaisent ny ne font telx biens
Qui viennent doyr seullement
Cest la fin de largument
Sy voulx respondre se ie puis

Vous scaues tous les deduitz
Que dieu en ce monde donna
Que nature soubz luy forma
Deux sens en creature humainne
De quoy la fist souueraine
Donna a homme cest merueilles
Par les yeulx et par les oreilles
Sy mettes ainsi en mon propos
Et la ferme et bien dire lotz
Quon prant aux chiens grat plaisir
En regarder et en ouyr
En ouyr les chiens bien chasser
En veant cerfz et chiens passer
Et si voit on le sanglier prandre
Aux leuries et soy bien deffendre
Dez chiens qui la prochent fermet
La prent on son esbattement
Pour quoy ie ditz en reprouuer
Et pour mon fait mieulx a prouuer
Deux choses q ballet mieulx qune
Cest vne parolle commune
Deduit de chiens voit on et oyt
Et celluy des oyseaus est quon voit
Quant a ouyr si na nulz biens
Vng aueugle ne scauroit riens
Et si prandroit grant plaisir
En la chasse de chiens ouyr
Encores y a aultre raisons
La plaisance qui vient des sons
De trestous instrumens
Le chant des oiseaulx et des gés
Dont en loreille retenuz

Dont ilz sont en ioie esmuz
Louer fait plus quant aux deduiz
Que fait lueil se mest aduis
Sur les grãs raisons quauez ditez
Vous ay fait responce petites
Car le sens de moy est petit
Ce ne soustien ce que iay dist
Le iuge nous en feroit droit
Cy dy et maintien orendroit
Veu le fait et mes raisons
Que nul sans comparoison
Deduiz de chiẽs sont pluz plaisans
Que celluy des oyseaulx voulans
Cy fay ceste conclusion
Et sil vous plaist si enuoyons
Afin de partir de ceste bille
A monsseur de tancaruille
Pour en iuger sa volente
Sur ce qui a este compte

L'Autre dame dit ie loctroy
Mais auant ie repliqueray
Contre ce que vous aues dit
Puis soit iuge sans nul respit
Aux responces que faictes aues
Me samble que vous maintenes
Que painne et paour sont deduit
Ne my acorderay ennuit
Car quant vng cerf fuit de randon
Et len fiert bien de lesperon
Trestout le iour iusques a la nuit
Cuides vous que ce soit deduit

Cy plaist si est la painne grant
Tant quon est bien recreant
Tel fait nest pas deduit a dames
En gibiers mengent les femmes
Puis me racomptes du sanglier
Qui court sus druant et derrier
A chiens a cheuaulx et a gens
Ce nest pas bon esbatement
Peril y a se mest aduis
De quoy empirent voz deduitz

Mais dictes que vngs hems
sil ne voit
Le deduit des oiseaulx par droit
Et non pourtant ne par droit riens
Deduit qui est prins es chiens
Puis conclus se mest aduis
Que le plus de tous voz deduitz
Sont par loreille conceuz
Ainsi aures vous deceus
Mont de gens qui en regarde
De tricherie en leur cueur tenant
Dame vne chose demant
Les deduitz du monde sont ticulx
On loue ce quon aime mieulx
Deux hommes sont cy endroit
Dictes moy le quel plus par droit
Des deduitz deliz mondains
Que dieu afait pour corps humaiz
Ou celuy qui point ne verroit
Ou celuy qui goutte nentendroit
Ie croy que nul ne iugera

l i

Que celluy qui point ne verra
Nait plus perdu de ces soulas
De ces deduitz de ces esbas
Que vng aultre qui norroit goute
De ce ne fay ie nulle doubte
Sur ce saura bien purueoir
Le iuge ou nous fault auoir
Pour porter tous noz raisons
Sil vous plait si luy enuoirons
Les cheualliers qui la estoiët
Qui mot formët se delictoiet
Et prenoient tresgrans esbas
A escouter tous les debas
Que leurs femmes auoient fait
Qui de ce sont mis en fait
Pour attendre le iugement
Le quel il vouldroient briefment
Enuoier par certain messaige
Vng des cheualliers qui fut saige
Leurs dit ie suis venu noncer
Sy vous plaist vng bon messagier
Sy derrier sestoit tappy
Vng mien clerc qui a tout ouy
Les debas que vous aues fais
De quoy vous aues mis le fais
Sur le conte de tancaruille
Ie croy quil na en ceste ville
Vng homme qui mieulx sceust faic
Vng messaige ne pour mieulx
retraire
Seut tout ce qui vouldroit dire

Et scet bien ditter et escripre
Mieulx que nul home a mõ aduis
Vnes lettres de bons deuis
Vest il faictes le tenir
Ront les dames q grãt desir
Auoient de le faire escripre
Chose ou il neust que rire
Le clerc qui estoit bien mucie
Vint auant quant il fut hucle
Deuant eulx cest a genoulx mis
Les dames dient beaulx amis
Vouldries vous pour nous aller
Pourter noz raisons et parler
A monsseur de tancaruille
Et aussi nous ferons escripre
Vnes lettres que vous bauldres
Ie feray ce que vous bouldres
Dit le clerc de tout mon pouoir
Or sca il nous fault cy asseoir
Noz lettres vous deuiserons
Et sus quel point nous les ferons
N demëtiers quil escriuoiët
Et que les lettres deuisoiët
Les cheualliers furent appart
Qui estoient de belle part
Dont dit cellup qui chasse auoit
A lautre qui present estoit
La quelle a le mieulx argue
Or me dittes bostre pance
Site ie me tiens a ma femme
Affin que ie ne soie in fame

Il escript aulx lois hostieulx
Ce que a dame veult et dieux
Ie veul ce que ma femme veult
Ne rien quelle face ne me veult
Laultre cheuallier respond
Vous nestes pas asses hardy
Ne noseries contre dire
Nulle chose que veul dire
Vostre femme ie le voy bien
Syre ie vous vonray vng chien
Tresbon pour cerf et pour sanglier
Se luy dit lautre cheuallier
Mais que nen fassies mencion
Et faictes sans contredicion
Ao ce que vostre femme a dit
Adoncque pensa vng petit
Celluy qui auoit grant talent
Dauoir le chien mais tropt dolent
Seroit quil eust enteprandre
A reprocher ne reprandre
Contre les miles quil disoit
Sa femme qui courrousseroit
Dont dit au cheuallier amis
Pour vng chien pardroye paradis
Ce ie fais ce que maues dit
Pour quoy seroye contre dit
Ma femme a este a balete
Elle scet tous les ars de tolete
Vces vous commet elle argue
Tousiours na pas este en mue
Ie noseroie a luy plaidoier

Ie croy quelle tiendra leschiquier
Voire ie croy le parlement
Prenes vostre chien ie me rend
Trop en y a de vostre accord
Se ny fusse tuit fussent mord
LAutre dit ie scauoie bien
Que vous nauries pas mon chien
Nous sommes tous paroissiens
De la grant paroisse aux chiens
Cy commancerent tous a rire
Les dames eurent fait escripre
Et prierent au messaigier
Que tost se voulsit auancer
Et luy firent bailler argent
Pour despendre asses largement
SIl sen ba le clerc come saige
Au conte faire son messaige
Tant erra quil est a riue
A blandi ou il la trouue
Illec estoit en sa maison
Sur son poing tenoit vng faulcon
Quil auoit nouuel pris
Et le clerc comme bien a pris
Luy dit sire dieu vous doint ioye
Deux femmes que ie noseroie
Nommer mauoient deuers bous
Et si vous prient par amours
Que vous les ayes pour exculees
Silz ne sont es lectres nommees
Qui vous enuoient par moy

I ij

Dont dit le conte par ma foy	Que tu vins sa dit le conte
Je ne scay qui les dames sont	Et dis aux dames & raconte
Mais iay au cueur bien parfont	Aux mieulx que ie peut bonnemēt
Voulente de fournir et faire	Set de leurs raisons iugement
Tout ce q aux damez pourroit plaire	Vecs le cy tu leur porteras
Adoncque la lettre aporta	Et si les me saluras
Au conte a qui la presenta	
Et le conte la prinst a lire	E luy se part le messagier
Asses tost commasca a rire	Tant exploita de cheuaucher
Et dist ou est larguement	Quil est arriere retourne
Le clerc le monstre et il le prent	Au lieu ou len lauoit a tourne
Sy a pourueu les raisons	De faire au conte les presens
Et si vit les questions	Des lettres et des argumens
Et puis a dit au clerc amis	Et trouua la dame a lostel
Les dames veulent mon aduis	Qui fit grant ioie et grant reuel
Auoir de cestuy argument	Quant elle sceut du clerc la venue
Et me prient que iugement	Il sa gelongne et la salue
En face selon leurs raisons	Et dist dame se dieu me voie
Il fault aincois que nous trons	Le gentil conte vous enuoie
La maniere de leur discort	Soubz son signet le iugement
Puis iugerons la quelle a tort	Et vous salue grandement
Leans fut le clerc longuement	La dame dit dieu gard le conte
Pour attendre le iugement	Je ne scay sil a fait son compte
Et quant le conte eust bien veu	Contre moy tantost le scaroie
Longuement et bien pourueu	Mais vrayement ie noseroie
Leurs raisons doncqs fit escripre	Oster le signet en lablence
Tout ce qui faillut sus ce dire	De ma patrie sans offence
Puis les clouyst soubz son signet	Je pray a elle ou quelle soit
Et fist appeller le varlet	Sy verrons qui a tort ou droit
Qui aux dames estoit messaige	Ne demourera mie gramment
Il te fault aller en voiage	Quelle ne porta le iugement
	Que le conte auoit enuoie

A lautre dame a son ostel
Dont firent ioye et bel apret
Lung a lautre et puis ouuert
Le iugement et descouure
Et quant il heurent dsploie
Au clerc le baillerent a lire
Dont commanca ainsi a lire
Eux dames dont ie ne sauroie
Dire les noms mais ie
vouldroie
Faire pour dame leur plaisir
Dit le conte ainsi le desir
Sy me samble que dun debat
Ou il na que ioie et esbat
Se sont mis en mon iugement
Et mont prie tresdoulcement
Que leur enuoie ma sentence
Toute telle que ie la pence
Veu le cas et lez raisons
Lesquelles veu nous auons
Sy me samble quil leur a dit
Quen oiseaulx a plus deduit
Quil na es chiens et dit comment
Cest le point de largument
Sy mist sus le fait des oiseaulx
Cinq louanges q̃ sont mont beaulx
Mais de ce riens na fait escripre
Longue chose seroit a dire
Car ilz ont fait apointement
Sus quoy ie fais le iugement
Mais sicome il est escript le truis

Ilz demonstre tous les deduitz
Des chiens oiseaulx et commen
On y prant son esbatement
Et repliquent lez raisons
Et mettent les confusions
Lune en ce que lautre a dit
Sur ce fait font grant contredit
Celle qui soustient que oiseaulx
Sont de trop lez deduitz plus beaulx
A fait vne conclusion
Dessus lesquelles nous vnion
Fait son propos selon nature
Et dit qui vient vne poincture
Au cueur qui est par lueil entree
De toute ioie est engendree
Par quoy le deduit des oiseaulx
Qui sont veu samblent plus beaulx
Et doiuent au cueur grigneur ioye
Quil ne fait quant le chien abaye
Dont le deduit nest point veu
Ne par lueil nest point conceu
De tout le deduit quon y prant
Sur ce a fait mon iugement
Lautre dame dit au contrait
Et dit q̃ nul ny deuroit croit
Quãt on eust le grãt cerfz chasser
Que lon ne veulle pourchasser
De luy veoir luy fait grant ioie
Et grãt deduit mais quon le voye
Et si oit on les chiens chasser
Ou lon se peult trop delicter

Ainsy sont deux ioies enes
Douyr et de veoir denues
Lon dit en parolle commune
Deux ioiez vallent mieulx que vne
Et si voit on prandre au leuriers
Les cerfs les loups & lez sangliers
Ouil y a grant esbatement
Encores vous diray comment
Elle veult prouuer ces raisons
Elle dit que trestous les lyns
De quoy nature est esiouiez
Sont tous receus par louyes
Et en ce mest vne figure
Daulcun qui ont veu obscure
Qui pourroit prandre grant plaisir
En la chasse des chiens ouyr
Deduit oiseaulx adire droit
Nest rien prise qui ne le voit
Et sus ces tenues brayement
veullent auoir mon iugement
Aultre respond en sa repliq
Que la veue qui est publiq
Est plus ferme et mieulx aprouuee
Qui nest celle qui est trouuee
Par deux maniere ou par vne
Riens ne vault enuers la comune
Et par vne exemple le treuue
Qui nest fable ne contreuue
Deux hommes si sont si endroit
Dont lun noit et lautre ne voit
Sy demande et fait son compte

Qui a plus perdu en ce monde
Des ioies deduitz et soullas
Qua lautre qui nodra pas
En celluy qui goutte nentendroit
Ou lautre qui point ne verroit
A ce ne fault point faire doubte
Que celluy qui voit goutte
Et par ce point ie veulx prouuer
Que lautre ne pourroit trouuer
Nulluy qui dist le contraire
Cil entendoit cest exemplaire
Que les deduitz qui sont veuz
Naient les cueurs plus esmeuz
En grans ioies et en grans deliz
Que ne font ceulx qui sont ouys
Et pource quon voit souuent
Grans deduitz et esbatement
De veoir les oiseaulx voler
Lesquelx on peult par tout porter
Qui sont si courtois si iolis
Sy netz si francz si polis
Qua veoir sans pl9 cest grans biens
Ce ne peult on dire des chiens
Encore met elle en son compte
Une chose que ie racompte
Ainsy comme en escript le truiz
Que painne\peril et deduitz
De chiens asses voit on souuent
Sy vous racompterons comment
De chasser le cerf toute iour
A tresgrant painne et grat labeur

Et quant il se fait abaier
Il court sus deuant et derriere
Et aussi le sanglier souuent
Court sus aux gens bien roidemēt
Pourquoy en ce peril truis
De quoy on prent les deduitz
Sy comme il est en ces raisons
Escript ainsy en ces raisons
En deduit oiseaulx il est bien bray
Na pas tant painne ne deffray
Dōt elle me iamble q̅lle bouldroit
Dece quelle doit ouyr droit
Et lautre aussi sus ces raisons
Sy souuent que nous en iugerons
Es choses qui sont proposecz
Qui ont este bien arguees
Et ya de belles raisons
Et de bonne declaracions
Celle qui parlle des oiseaulx
Dit verite il sont plus beaulx
Et sont de plus necte nature
Que ne sont les chienz sans mesure
Et sil le peult on bien porter
Ou len veult pour soy de porter
Mais ce nest mie lappointement
Sus quoy nostre iuge se prant
Il sappintte comme ie truitz

Les q̅l font les pl9 beaulx deduiz
Le vol des oiseaulx bien volant
Qui la chasse des chienz courrant
Et en ce mettent deux raisons
Que dictes et prononcees auons
Douyr et de veoir seullement
Sy dy et rens mon iugement
Sus vne raison qui est voire
Qui se prent sus la paremptoire
Quen chiēs a deduitz pl9 plaisans
De cueur plus resioissans
Quil na es oiseaulx sans doubte
Et par celluy qui ne voit goutte
Il bien prouue sa menteur
Dont le fait de lautre est mineur
La quelle a tousiours māintenu
Que le deduit qui est veu
Est plus plaisant a regarder
Que celluy qui vient descouter
Lautre dit qui parlle des chiens
Que ouyr et veoir fait plus de biēz
Que veoir ne fait simplement
Pour celluy donne mon iugement
Et par ainsy luy est randu
Sy prie a tous qui soit tenu
Explicit le iugement
Du conte de tancaruille

R aues ouy la sentence qui a este donne du conte de tancaruille
sur le fait du deduit des chiens et des oiseaulx Sy veult racoter
a la matiere et mestre cōment les pouures apprantis demādoiet
au roy modus la maniere commēt on fait aulcun menu deduit de prādre
oiseaulx en pluseurs manieres

I   iiij

¶ Cy deuisee coment on prant toutes manierz doiseaulx

IL est auleun deduit de prandre oiseaulx en pluseurs manie-
res de quoy Le roy modus monstra lordonance et la maniere
de faire esquelz a trestous deduitz et sont comus Car combię qlz
soiet octroies pour les poures q ne peuuet auoir chiens ny oiseaulx pour
chaffer et voler\sont de tieulx q to9 se peuuet esbatre et prandre grāt plai
sance et delit Et les poures qui de ce biuet y treuuet auffi grāt plaisan-
ce et pource quil y prennēt leur bie en eulx delictant sont il appelles les
deduitz aux poures Intitules p ordre si come il est escrit et figure· Le
premier si est de prādre les faulcōs de prādre les espuiers de tendre la
ratz qui se tire par luy\de tendre la ratz a deux manaux de prādre le fa-
sant a la caige de prādre la poris au trabuclet de prādre le bidecoq a la
flectuere\de prādre les mauuis a breuller de brectes aux chāps\aux pis-
fonz\de prādre les iaitz a la passe\de prādre les aloes et les perdris aux
feu et a la clodxe

Sy bous deuiserons aincois que nous parliōs de la maniere de
prandre les oiseaulx en pluseurs manieres de quoy Le roy
modus moftra lordonance et la maniere pourquoy ie pris ma
matiere du roy modus et la royne racio Et beul declarer et interpreter
leurs noms fur quoy iay prins ma matiere Le nō de mod9 q est en la
ti a est adire,en fracois maniere Et le nō de racio qui est en latin cest ē
francois raison Sy dy que ces deux peuuet bien estre couerti en samble
Car bōne maniere ne peult fans raisons ne raison fans bōne maniere
Et pource font cōionctz en samble par mariage ꝶ pource quil ont si grāt
tertuz que nulle chose qui bōne soit ne peult estre faicte fans eulx cōme
dit est au cōmancement de se liure Jay fait de bōne maniere roy couro-
ne cest a dire modus Et auffy a ie fait royne de racio cest adire raison·
Et pource que toute bōne doctrine vient deux\ie bous diray quil en ad-
uint a bng empereur de rome Enuiron la cite de rome auoit bng tres
grant clerc bon philosophe si luy enuoya lēpereur bnez lettres ou estoit
cōtenu q luy fift bng liure ou il y euft de bōne doctrine bien briefue ꝶ ql
nauoit cure de longue chose ne de longüe matiere Et fift pcelluy derc

bng liure qui eſtoit aſſes grant et couuert ſi cōte il appartenoit a bng
tel prince Et mit en chaſcun foullet modus ne aultre chſe ny auoit eſ
cript que ce nom Et leuoia a lēpereur et quant lēpereur le bit il fut tout
eſmerueille et dit que le clerc ceſtoit mocque de luy Adoncquez cōmāda
a ces gēs quon luy alaſt prādre le clert et qnon luy amenaſt Et quātbit
denāt lēpereur\lempereur luy dit quil eſtoit digne de mort Adoncquez
ſe excuſa le clerc\en diſant quil auoit bien fait ſon cōmandemēt a que ſe
bouloit il prouuer deuant tous les clers Et quāt ilz furent benuz il mō
ſtra cez lettrez que lēpereur luy auoit enuoie qui reqroieut grant briefte
Et adocqs dit a lēpereur bous me demādes briefue doctrine ſi bous ay
enuoie\la plus briefue et la meilleur que ie bous peuce enuoier par le
teſmoing de boz clers Car mod⁹ qui eſt a dire bōne maniere eſt la meil
leur doctrine qui peult eſtre \car ſans bōne maniere riens ne peult eſtre
fait ne acomply eſpeciallemēt ſelon dieu et aps ſelon le mōde pourquoy
lēpereur demāda a ces clers leur aduis ſi dirent qui diſoit bray et par
celle cauſe le clerc fut de liure et abſoul d lēpereur et raiſon qui eſt amie
de dieu que nul ne peult faire la plaiſance de dieu ce neſt par celluy q̄
gouuerne les amis de dieu

¶ Comment on prant les faulcons au latz

L Alprantis demāde cōment on prent les faulcons aū latz Mo
dus reſpond au tāps diuer apres la ſaint martin faulcons de
repere qui ſont demoures en aulcuns pais ſi prennent leurs
perches es arbres des grās foreſtz et es bois et falaiſes qui ſont ſur la
mer en labry daulcunez roches Et prennent bne place et en icelle paſ
ſent tout liuer ſe bent cōtraire ne les en met hors Sy bous diray cōmēt
on peult ſauoir ou ilz pchent\on le peult ſcauoir en trois manieres faul
cōs ſe parchent en haulx arbres ds foreſtz ceſt aſcauoir des foulz ou dz
chene et ne prennēt mie leurs pches dedans le bois Mais au riuages
du bois au coſte ou il y a meilleur arbry et ou le bent ne hurte point et
peult on biē trouuer larbre ou il pchent Et fault deuiſer pl⁹ plainement
la maniere de tendre ſe tu es en place ou il pche Et ſe ceſt bng faulcon
forme ſi meſure la place ou il perche de deux eſperges de lōg a ſil eſt tiers

cellet sil a meſtier dune eſperge et trois dois de long et aux deux boutz de
la meſure\tu mettras deux eſpinttes ſur la brache ainſi comme il eſt ſi
pourtrait et ſeront fiches deſſus en deux ptuis que tu feras bie d̓liec du
ne terille\et doit auoir ſons chaſcune eſpintte deux dois te long Et en
droit chaſcune eſpinte mettcas bne affiche dung coſte et daultre de la
branche endroit les eſpinttes et auſſi deux au millieu lune endroit lau
tre et ſe reuerſeront les bng contre les aultres par deſſoubz les braches
il aura en chaſcune des affiches bne oche au deſſoubz du forrel ou les
latz ſeront boutes et aiſſi ſera mis par ni̓p le forrel des eſpinttes et la
tertenelle du latz ſera miſe dedans le forrel dune des eſpinctes et ſera
celle atachee contre la brache a pignons de fol qui ſeront coches es peti̓
tes oches et ſe boute parmy le fourrel de la montee qui doit eſtre fichee
deſſus la brache en vng ptuis fait dune groſſe terille Et doit eſtre la mã
tre vng peu reuerſe nõ pas droit au latz mez de lautre part ꝶ doit eſtre fi
chee a deux dois ou a trois de leſpinte et doit paſſer le latz parmy la ter̓
tenelle du faulz latz et doit auoir bne oche en la montee par druers le
latz au bout denhault En la tertenelle du faulz latz Sera atache en cel
le maniere que quant on tirera le faulz latz quelle

kiii vienigne aisiement Le maistre doit estre celle contre la monte et cō
tre la branche et bien aual contre larbre a pignons de fol ainssy cōme
nous auoꝰ deuise et les faulx latz aussi Mais le faulx latz doit estre mis
et porte en telle maniere que quant le latz sera tire et le faulcons prins
Et que le saulx latz se puisse a porter parmy le plus cler des brāches cō
me vne lāpe et sert le faulx latz de deux choses Lune si est de tirer a soy
quil ne tire en larbre Laultre si est q̄ se il estoit prins par les deux piez
et il estoit entre il pourroit bien estandre et ouuril le latz et sen aller se
le faulx latz nestoit qui estraint le maistre latz\tellement quil ne pour-
roit ouurir Et pource fault tirer le faulcon incontinant quilz est prins
du maistre latz Et pource se il est de necessite que auissons quon tire le
maistre latz quil y ait aulcun qui aye la sasine du faulx latz aincois quō
tire le maistre latz Or fault deuiser la maniere comment on doit tirer
le maistre latz La verge de quoy on le tirera doit estre telle cōme vne
broche a rotir oiez de grosseur & de lōgueur et doit estre le latz lie au bout
et doit on tenir le lisel en sa main ou en son sain Affin que quāt le faul-
cō sera prins quō doiue le laz du bout de la perche pour le laisser aller quāt
on tirera le faulx latz et doit tenir la perche en la maniere q̄ deuise est en
la pourtraicture et aller tout bellemēt en portāt la perche tan que le laz
soit de tache des atache a quoy il estoit celle Et quāt tu sentiras quil tiē-
dra a vne oche ou tu lauras toute si tire la perche sans escourre a terre et
doit estre faicte loche par telle maniere que le latz en puisse yssir quāt tu
le tireras Et doit on tirer le faulx latz hastiuemēt et ainsi est pris le faul-
con aux latz\puis parlerons des mesures de toutes les choses qui sont
necessaires pour tendre le latz au faulcon Premierement la vertenelle
q̄ est ij· latz doit estre de corne de piege et doit estre faicte en ceste fasson
et de cest grandeur tranchant aux riues et espesse au millieu Il y a bi-
affiches qui sont au coste fichees de la branches au coste entre lescorse &
le bois q̄ sont telles cōme celle q̄ sont cy pourtraicte et doit auoir le foure
dessus trois dois et celuy du millieu au tant et doit auoir vne oche au
dessus du fouere ou le latz entrera si comme il appart en chascune aussi
il y a deux espuinctees qui sont mises sus la branche a vne verillette

terillitte qui sont telles come celle qui est cy pourtraicte et a les soures
chum de deux dois de long et sont boutee en la branche iusques au fouret
hault\la montee est telle come elle est cy pourtraicte et doyt estre grosse
come le petit doy dune main a home et doit auoir demy piet de long quat
elle est fichee sur la branche Le laitz doit estre si long quil se double de
la porte au faulcon iusques a terre\la tertenelle ou faulx laitz doit estre
de fer les affiches et les pointes de branchettes de fol

L A maniere de rendre le laitz qui est tire a par luy en ceste ma
niere est tendu\len met ces affiches en la maniere dessusdictez
et ainsi quil se pourtrait et sur la branche na qune pointte et no
pas deuers la montee mais de lautre part Et derziere celle pointte a fi
che vng clou plat a plain doy qui na que vng plain doy de hault sur la
branche et derziere la montee en a vng a plain doy de la montee. qui est
plat et au bout vng arzest qui tient vne longette qui est atachee au laiz
Et quant on le ten on a vne delie verge de fer qui ataint dug clou a lau
tre Et est la tertenelle du latz en vne osche qui est faicte en la montee
bien pres de la branche Puis est mise la planchette de fer cotre les deux
clous qui sont sur la branche et contre la languette qui la tient quelle
ne descede Et quat le faulcon sassiet sur la branche il sassiet sur la planche
te et y a vng plog ou vne pierre au bout du latz qui tire le latz tellemet
que le faulco est prins\et est le latz celle contre la branche a croches de
fer ou de bois bien fors Et est le pezon estache au latz par telle mesure q
quant le latz est fermement clos le pezon est a terre

A Ulcos pehent aulcuneffois es roches et es falaises qui sont sur
la mer ou sus les gras riuieres et ont leur place qlz prenet pour
eulx peher et sont diuerses et pour ce y fault tedre diuersement Car les
vngs prenet leurs placez ou il pehet sur vne plate pierre ou sur vng gui
gnon Sy peche sus vne plate pierre y fault quil ait les piet estandus et
sil peche sur vng guignon il empongne le guigno des pietz Et pour ce
fault diuersement faire les portees des latz\portees sont les affiches lez
pinctues toutes choses qui portet le latz au dessus des ongles des piez
au faulcon que si le latz nestoit porte au dessus

Et ilz courroit par tessoubz les pietz il seroit failly a prandre Et pource
quõ ne peut percier la pierre pour ficher ses portees et il les fault asseoir
de plastre ou dargille ou de terre a potier Et doit on le laitz atacher a suif
ou a argille en le haussent en trehant de coste sur la roche non pas droit
mais bien en a pendant droit ou lon veult tirer pource quon ne peut met
tre montees en tel lieu ne faulx laitz et qui le peut faire cest le meilleur
Le laitz doit estre tire en la verge ainssi comme nous auons deuise Et
celluy qui le tire doit estre sur la falaise en hault et nul qui puisse prop-
ment deuiser comment le laitz sestend en la falaise qui nauroit cognois
sance de la plaice ou le faulcon perche et fault que celluy qui tend soit
soubtil de tendre ainssy

¶ Cy deuise la maniere et cõment on prent esparuiers a la parche

Aprentis demande se on prant en tel manieres les esperuiers
a la parche Modus respond il nest nul oisel qui tiengne pche
quon ne prengne bien au laitz Mais pource que les espuierz
nõnt pas les iambes si grosses ne si fortez cõme ont lez faulcons on ne
les prent pas voulentiers au laitz Et aussi ne tiennent pas esparuiers
leurs parches si cõmunement cõme font les faulcõs Mais on les prãt
a la parche en aultre maniere \ et vous dirons cõment Au tãps diuer
quant il fait grant froit esperuiers parchent voulentiers en bois ou il y
a bon abry et emmy bois de fustaies gros cõme vng hõme pourroit en
pongner a deux mains et tousiours perchent emmy le bois et parchent
vouletiers au coste dune haie Et se tu les veux trouuer au riuage du boiz
au dessoubz du vent que il vient voulentiars a sa perche cõtre le vent en
uiron souleil couchãt Et se tu le bois entrer au bois si té prant bien gar
de par quel endroit il si mettra Adõcquez aproche tout bellement tout
le riuage du bois tant que tu biengne a lendroit ou il se mettra Adonc
ques a proche tout bellement et orras cõme les menuz oiseaulx le ague
terõt et y sera tout anuitee si te boute au bois et le quiers tout bellemẽt
parmy le bois Et se tu le treuue si guette vne nuit ou deux pour scauoir
sil tiẽdra son paiz Et se tu bois q̃ le tiegne si tẽd tes paulx aissy q̃l est si si
gure regarde ou il pche et pren deux pans diraigne a trois verges

De quoy les deux boutz des deux paulx se tiendront a vne des berges x
es deux aultres boutz aura deux berges et seront tendue entrepie ainsi
cōme a quatre a fours dont lesperuier perche\et seront tendus en la plus
clere place et en la moins encōbree de bois quon pourra trouuer et soiēt
tendus Et les cordeaulx si peu amorles es oches qui chéent boulentiers
se lesperuier se fiert dedēs Puis fay ton pelcon de deux delies berges en
la maniere que tu le bois en hault\es deux berges aura lie bng peu de
mousse ou bne huette si sera et aura enuiron elle bng peu de plumee Et
au millieu de cest arsson aura lie une ligne de quoy le boutz sera porte lo
ing Et cellup qui le gectra sera au bout du cordel enteullole et sil boit
lesperuier il tirera a soy tout bellement la ligne et au laissier aller la hu
ette se brauollera des belles et quant lesperuiers la berra il biendra
flactir en my les flans ainsi sont prins les esperuiers a la parche

¶ Cy deuise cōment la raitz se tire delle mesmes et cōment elle setend

Aprantis demande au roy modus qui luy apprengne aulcun
bon deduit a prandre oiseaulx Modus respond la raitz qui
se tire delle mesmes quant aulcun

Oisel hurte ali cham\test bng engin soubtil et ou il y a lon deduit n est
tendue en la maniere quelle est cy portraicte et figuree Et pour mieulx
entendre la maniere comme elle se tend et les mesures\nous le bous
truillerons cy apres Premierement la raitz doit auoir cinq toises de long
et iiij.xx.mailles de leite mailles a torterelles et doit estre a maistre q
le cordel de dessoubz doit estre aussi long come celluy de dessus et doit auoir
es deux boutz de la raitz deux cordeaulx enuiron de trois pietz chascun n
en chascun a bne boutelete faicte de cordeaulx mesmes par ou les deux
cordeaulx de dessus et de dessoubz sont passes Item la gielle a quoy le
cordel du trait tient\doit auoir cinq pietz et doit estre plus grosse n plus
forte que lautre et doit estre plus longue plaine palme Et doit estre ung
peu courbe deuers le gros bout pour mieulx tenir et ficher en loche de la
pallette qui est au bout de la gielle a celle fin q la gielle nisse hors quant
le trait la tire et na point deche en la pallecte qui est au bout de lautre gi
elle qui doit estre gresle et legiere Se boules tendre icelle raitz\mectez
voz deux giesles a couste a bij.pietz lune de lautre que boftre here soit en
my Car le chambel ou la here est doit auoir trois pietz et demy a pie de
main Et faictes voz deux riuans ou voz giesles seront et mectes les
deux boutz de voz giesles bng peu plus pres les bng des aultres que
les boutz dessus Et faictes la forme a boftre raitz qui doit ploier en telle
maniere come il est pourtrait que les deux paulx qui sont au deux boutz
de boz giesles Et doit benir boftre ray iusques a ces deux paulx n boftre
ray foit fichee en deux paulx respondant au deux boutz de boz giesles.
Item y doit auoir aux deux gros boutz de boz giesles deux cordes que
doiuent auoir chascune deux pietz de long et doiuent atacher au reuel a
fin que les boutz des giesles ne puissent saillir hors plus loing q le bout
du reuel Le cordel de dessus la ray doit estre atache aux croches des ij
giesles Et celluy doit estre atache au reuel de la forme a deur croches en
droit les deux croches des deux giesles et nya nulles ferres qui tiegnet
les giesles Or fault deuiser commant elle se tire prenes vne perche
de xbij.pietz de long ou plus pres aussi grosse come bne peche de charrete

ploiant et bien regibant et soit mise contre terre en telle maniere que
le trait de la dicte rayz qui doit estre lie au gresle bout de celle parche boi
se tout droit au long de la plus grosse giesle tout au droit de la giesle sico
me il est cy pourtrait Item il doit auoir au gros bout de voftre pche der
riere la parche non pas druers la raiz vng gros pal bien fiche et vng
aultre par dedans par druers la rayz a vne toile dicelluy afin quil tien
gne la parche quant on la tirera et qui sen puisse bien aler roydement.
Et quant vous autres bien atache le trait de voftre rayz a la giesle a ala
parche garde que la parche soit tant tiree quelle ramainne voftre rayz
tellement quelle soit bien estandue Et la maniere darchier voftre trait
a voftre giesle est telle Prenes le bout de voftre trait et la passes parmy
la poulie qui tient a voftre giesle puis la repasses parmy la poulie qui
tient a voftre trait et tires bien fort Et quant la perche sera bien tiree a
ploiee fi soit bien voftre trait estache entre deux poulie Puis mettes bre
corde qui est au reuel de voftre giesle qui est dessoubz la poulie qui tient
a la giesle mettes celle corde par dessoubz voftre giesle et que voftre ge
noil soit Sur la giesle affin quelle ne regibbe Et mettes le bloc de bois
qui tient le chambel et doit auoir vng baston au trauers du reuel de bre

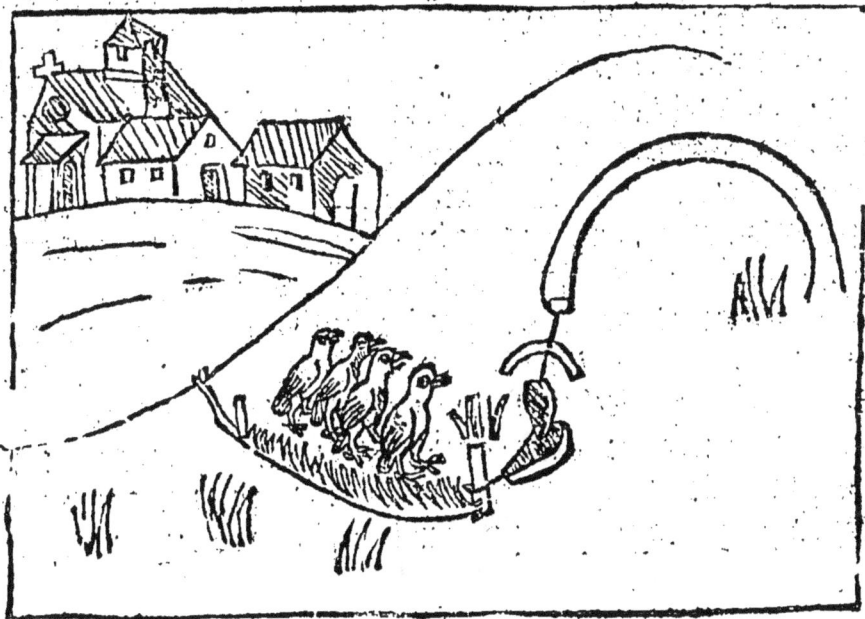

gielle entre deux poulies qui est appelle orgueil et vng aultre chambel
et a la maniere côme la ray descend pour hurter au chabel tout par elle a
de lengin qui la tient est aplicque en ceste maniere. Lengin si est entre
les deux poulies Et doit la poulie qui tient a la gielle estre court ataché
et doit couller contreual la gielle et aussy doit ioindre le bout du chabel a
la grosse gielle a piet et demy ou gros bout par deuers la pallette. La
maniere de mettre lengin est telle\mettes vng paux fourchie côtre vre
gielle bié fiche par deuers vostre chabel et en icelluy pau doit auoir vne
oche au dessoubz du fourel par deuers le chabel et en icelluy endroit de
lautre part doit auoir vng aultre pau si que la gielle soit entre les pau
Et au pal qui nest pas fourchie doit auoir vne oche par deuerz la gielle
Puis prenes vng billot qui ait vng demy piet de long et la plates a
vng bout pour mettre en loche du pau qui nest pas fourchie et mis par
dessoubz la gielle au fourel de lautre pal Et oultre le fourel du pau doit
auoir au billot vne cordelle ou aura ataché vne languette de quoy la te
ste dicelle languette sera mise en loche qui est au pau deuers le chabel.
Et en icelluy chabel aura vne oche au bout\ou le bout de la languette tie
dra et au millieu du chabel. Aura vne oche qui sera mise côtre vng petit
pau plat au bout qui sera fiche au reuel dun chabel côtre lorgueil Et ne
doit le bout dicelluy petit pau que trop petit passer lorgueil ainsi est la gi
elle côtrainte que la ray ne puet descendre se on ne hurte au chambel
Mais si peu ne peult on hurter le chabel que la ray descendra toute par el
le Ceste est bône pour prendre oiseaulx qui mengent charrongne Côme
aigles corbeaulx escoufles et telx oiseaulx de proie qui viendrot hurter
au bout vne herse de coullons ou daultres oiseaulx

¶ Cômet la ratz a quatre gielle se tend a la ôlle on prant plusieurs oiseaulx

Laprantiz demâde côment la ratz se tend qui a quatre gielle
et quieulx oiseaulx on y prant Modus respond\la ratz a qua
tre gielles est appellee paux ou ratz a deux manteaulx Et de
telle ray a de bons deduitz et y sont prins moult doiseaulx gros et me
nus Cest assauoir coullons tourtres a toutes manierez de gros oiseaulx
Mais que les ratz aient mailles propres pour les oiseaulx quon veult

prandre de menuz oiseaulx on y prãt aloes pinssons chardonnereulx tar
uis arondes moissons et toutes manieres doiseaulx menuz Et celles a
quatre gielles qui sont apartenent a tous rduitz Qui veult prandre

les coullons rauiers aceste ratz le tamps est en yuer quant il descède
a terre pour menger la faynne et cöment elle cuƚille cötre le trait pour
mettre au rauel de la fainne tant cöme les gielles lez purront porter q
doiuent estre plus longues düng piet que celles au menuz oiseaulx Et
doit mettre en forme vng coullon qui soit rauier et tous les aultres y
biendront asseoir en forme dedans les deux ratz Et se vous voules prã
dre les tourtes la saison en est en aoust quant les bles sont fais il fault
tendre aux chanues car les tourtes si assient en ce tamps pour nieger
le grain qui est a terre et fault tendre ainssy cöme pour les coullons ra
uiers et mettre vne tourte en forme et se vous voules tendre a oiseaulx
de proie töme faulcons et esperuiers vous tendres ceste ratz en telle ma
niere et mettres en forme oiseaulx bifs ausquieulx ilz viengnent vou
lentiers Et se vous voules tendre a ceste ratz pour les menuz oiseaulx
y faul que les ratz ne soient point si larges que les gielles sont lõguez
et quilz soient ataches aux deux boutz des gielles ainssy comme il de

mõſtre en ceſte painture Dz vous ay deuiſe la maniere et les meſures
de tendze a ceſte ratz a quatre gielles Chaſcun pan doit auoir vi·toiſes
de long et les gielles deuers le trait doiuent auoir vi·pietz largemẽt et
les deux aultres deux du bout de deziere doiuent eſtre plus lõgues plai
ne palme que celle du trait Les deux pans doiuent cheuaulcher lun ſur
lautre quant ilz ſont tires pzes demy pietz Les cozdes qui ne tiennẽt
aux giellas deuers le trait doiuent auoir de long xiij·piet eſcharſſemẽt
et celles du bout deſſus doiuent eſtre plus larges plainne palme Les
paulx qui ſont es boutz dicelle cozde doiuẽt eſtre fietzes en legue endzoit
les boutz des gielles Et doiuent eſtre tires bien fozt affin q la ratz ſoit
bien roide qui tient le pau a la gielle que demy pie et les cozdes qui tie
nent es boutz des gielles par deſſus doiuent eſtre bien tirees et les paf
qui ſont es boutz dicelle doiuẽt eſtre ferus a ligne endzoit les boutz dez
gielles par dedans et doiuent eſtre rex liees par dedans Et reſpõdze
tous les paulx les vngs aux aultres a ligne ſelon la riue des ratz par
dedens Le trait doit eſtre fourchie ainſſy cõme vous poues vroir cy a
pzes en ce feuillet et doit tenir le neu du fourt endzoit les deux paux des
cozdes qui tiennent la ratz tout par deſſus Et doiuent les deux boutz du
tzet qui ſe fourclx eſtre atache aux deux boutz des gielles ſicomme par
deſſus apart Et doiuent eſtre les deux boutz du fille de chaſcun pan eſ
tre atachie au tret et au cozdel du pan par deſſoubz aſſes pzes des giel
les Le trait doit eſtre bien tire fozt que les pans ne ſe leuẽt et neſt mie
fiche trop loing La ratz doit eſtre auancee en telle maniere quil bien
gne au long des deux ratz Qui veult tendze ceſte ratz aux pinſſons
paſſens la ſaiſon en eſt depuis la ſaint michiel iuſques ala touſſains et
doit eſtre tendue a vng mentril par la chamue qui y eſt courte et les
pinſſons ſi aſſient voulentiers et ſoit tendue ainſſy comme vous vees en
la pourtraicture et es quatre cagettes doit auoir pinſſons pour appeller
les paſſans et en la mite eſt la verge forchue qui eſt emmy la ratz doit
auoir deux pinſſons qui tiendzont par les pietz ou p vne telle et ainſſy
vous tendzes pour la ſouldze des piſſons apzes la touſſains quant ilz

fait froit et ilz saffemblent pour pafturer En celle maniere tendes aux
chardonnereux en ung chardonnay et oftes les chardons trmmy la ray
et aures es cages des chardonnettes pour appeller et au chappitel auffi
Se vous voules tendre aux aloes la faifon en eft entiiron la touffains
quant il fait cler tamps et il a ung peu gelle En pais ou il a foifon valo
es tendes cefte ray a quatre gielles en one bruiere biue et mettes ung
blanc au millieu de vos deux ratz en one foffe Sur ung chambel qui eft
dune verge fourchee ainfi come il eft pourtrait et mettes voftre huan fur
one bute affes haultes et doit eftre fur ung bafton fourchie clauonne
quil fe puiffe feoir et doit eftre meu quant on voit la loe qui eft entre les
deux ratz et elle viendra pour flaictir a elle Et quant elle eft apoint foit
la ray fi fera prinfe\et doit eftre voftre huan au cofte de vos ratz a .v. ou
fix affours Item il ne doit auoir en vos ratz au bout de voz gielles ne
pallettes ne ferres et quant ilz font tirees on ne les fait que reuerfer
quant on les veult retendre lunfa lautre la

⸿ Comment on prant les faifans

I̋lpratis demande au Roy modus coment on prent les fay-
fans\en moult de maniere\faifans demeurent par couftumez
en iennes bois et hantent voulentiers en baffes tailles Le
tamps ou lon peult mieulx trouuer les faifans ceft quant il a nege et eft
le tamps ou ilz font meilleurs a prandre car on voit fon pas a la nege
qui eft tel comme le patz dung chappon ou de geline Et pource que par
tel tamps ilz ne treuuent que menger on leur donne du ble en place des
couuertes de la nege en pais ou len boit quil hantent Et on faparcoit
quil ont mengie on leur retrait leur biande et ne leur en donne pas fy
fouuent ne tant et illecques font tendus plufeurs engins a quoy on les
prent Ceft affauoir a one cage et a ung tombrel ou a la ray a deux giel
les et a ung trabuclet a quatre cheuilles et en a deux qui prennent tout
par eulx et deux qui fe veullent tirer et ne prennent point fe oine les ti
re Et a ceulx cy font prinfes les perdris a la morffe qui prennent par
ceft la cage et le tombrel et celluy qui couient tirer ceft le tobrel a qua
tre cheuilles et a la ratz a deux gielles Et la caufe fi eft que les perdris

qui sont pluseurs ensamble lune peult descēdre au toberel saillant ou la
cage et ne prādroit que celle seulle Et quāt on tire lēgin cellup q̄ le tire
attend que tous soiet dedēs lengin\et p celle boie sont toutes prinses
Et aussy adviēt que goulpilz mēguent le faisant quāt il est prins a len
gin qui przent p luy Par quoy q̄ le beult faire mieulx fault getter et tie
rer son engiñ q̄ le laissier a la bēture destre mēge qui ne tēdē pais seur
de mauuaises bestes La caige que aulcūs appellēt becul est ainssy ten
du cōme bous poues beoir en ceste pourtraiture\la caige doit estre car∕
ree et doit auoir chascun couste trois pietz a piet de main et trois dois et
est fait ainssy il a de lun cornet a lautre bne berge qui se croise p dessus

et les bastons de quop il est cloz et lies a pcelle de bonnes harcelle Or
fault deuiser cōment on lup dōne a mēger a ces amorses\on cōgnoit sil
hante en bng bois quant il ne fait nege Le faisant erre boulentiers p
petites sentellettes pmy les bois ou ilz sont\en ces sentellettes dois tu
regarder se tu treuues de leurs siente q̄est telle cōme la siete dūg chap
pō ou dune geline priuee Et se tu treuue telles sietes tu dois scauoir q̄l
hātent en ce lieu si les amorseras en cellup bois en ceste maniere Prē
du ble de forment en bne pochette et en ces sentes ou tu auras trouue

leurs couers Oste lerbe et la fueille en vne place emy la sente et couure
la terre au piet et en celle place met du ble ce q̃ tu en pourras prẽdre a
quatre fois et lespache en ceste place Et ainssy le feras en pluseurs pla
ces pmy les sentes du bois ou ilz hãtẽt et le lẽdemain a heure de prime
tu reuẽdra veoir a tes amorses sil aura poit mẽge en nulles de tes pia
ces ou auras mis du ble Et se tu treuue ble mẽgie garde toy bien que
se ne soit pas vermine ou aultre oiseaulx que le faisant Sil est mẽgie
de vermine tu trouueras le ble esgrune et sil est mẽgie daultre oiseaulx
tu le trouueras p deux voies L'une si est de le guetter pour le veoir\lau
tre si est q̃ tu prengne voie clere et tu les metz enuiron ou ilz auront mẽ
giez affin que tu puisse veoir le pas et lẽpraite du piet de loisel q̃ mẽgue
le ble Et se tu vois que ce soit du faisant si ote toutes les aultres amor
ses expte vne ou deux de celle ou il aura mẽge Et quãt il aura mẽge cel
les que tu auras laissees\attens vng iour ou deux auãt q̃ tu luy redonne
a mẽger et ne metz en ces amorses que dix ou xij grais de ble·Et se tu
vois quil aist biẽ menge a ces amorses si en faitz vne en lieu couuert si
prens daultres qui puisse veoir et despiece celle q̃ tu auras faite qui se
ra la plus loing dicelluy lieu Et sil a mẽgie celle que tu auras faite en
couuert si tend en la maniere que tu la vois pourtraicte Et pource que
aulcuneffois aduient q̃ le faisant nose entrer dedẽs la cage ou pource q̃l
en a este batu ou pour sa malice Sy vous diray que vous feres prenes
vng grant mirouer et soit foiblemẽt apuie pres de la languette a quoy
la cage est tendue en telle maniere q̃ le faisant hurte au mirouer quilz
le tõbe sus la languette si descẽdra la caige Et sera le faisant prins Sy
te diray pour quoy et les causes le faisans hurte au mirouer·faisans
sont de telle nature que le masle ne peult souffrir en sa compaignie nul
faisant masle ains sentrechassent et courrent sus les vngs aux aultre
L es causes sont telles\lune si est que vng faisant nest point sans fu
melle et pource il naimẽt point destre en la cõpaignie lung de lautre Et
pource il ne doubtera ia tãt a entrer dedẽs la caige q̃ sil voit sa faiture
au mirouer qui va hurter bien roidement car il cuide veoir vng aultre
faisant et ainssy descend la caige si est prins et est close certainnement·

¶ Cy deuise coment on prent les perdris a la morse

Apratis demande coment on prent la perdris a la morse Mo
dus respond en yuer quant il gelle fort et quil fait neges on doit
prandre garde ou ilz hantent volee de perdris\et au pais ou ilz
hantent soit en pais couuert ou aux champs on doit faire vne amorse
ou deux en la maniere que nous lauons deuise damondre les faisans
Et son doit quil aient mengie si sont en descouuert si faitz ton appareil
pour tendre a vng engin qui est appellee le pauillon Prens des genetz
vers et faitz des branches vng parquet tout rond bien pres de la ou ilz
auront menge Et que le parqt ne soit pas trop dru de genetz et dedens
se parquet mettras du ble et faitz vng peu de train de ble de lug a lau
tre et dedens ce parquet mettras du ble asses largemet en la place ou
ilz auront mengie et ne sera ries mis en nulle aultre place que en ces
deux Et de la place ou ilz auoient mengie iusques au parquet des ge
netz laissier cheoir du ble et fay vng peu de train de ble de luna lautre
affin quil voisent menger de dedens le buisson de genetz et sil vont me
ger des attens vng iour ou deux ains q tu leurs redonne a menger
Et sil ont mengie dedens la secode fois si tendz ton pauillon qui est en
telle fasson come il est cy pourtrait

¶ Cy deuise coment le pannellon aulx perdriz est fait et lamaniere

Le panellon pour prandre les perdriz a la morse doit estre de cel
le fasson come celluy q est cy apres pourtrait Or doit estre la
cie de fil q ne soit mie trop delie\et fault ql soit rond et doit auoir
v·ou bi·pietz par dedes de large et de log et ne doit poit estre trop hault
et doit estre en maistre dung asses fort par dessoubz ou il a cheuilles qui
seront mises en terre tout entour Et quat on les ted on doit mettre par
dedes le pauillon deux ou trois verges croisees et ploices pour souste
nir le pauillo puis sont les cheuilles serres en terre q sont au riuage du
pauillo come dit est\a audy riuage du pauillo a vng colat q tire au pa
uillon qui se reploie par dedens iusques au millieu du pauillo de quoy
lentree est grande et lissue petite et estroit fors que la perdris y puisse en
trer et que le pauillon soit couuert des branches des genettz si come ilz

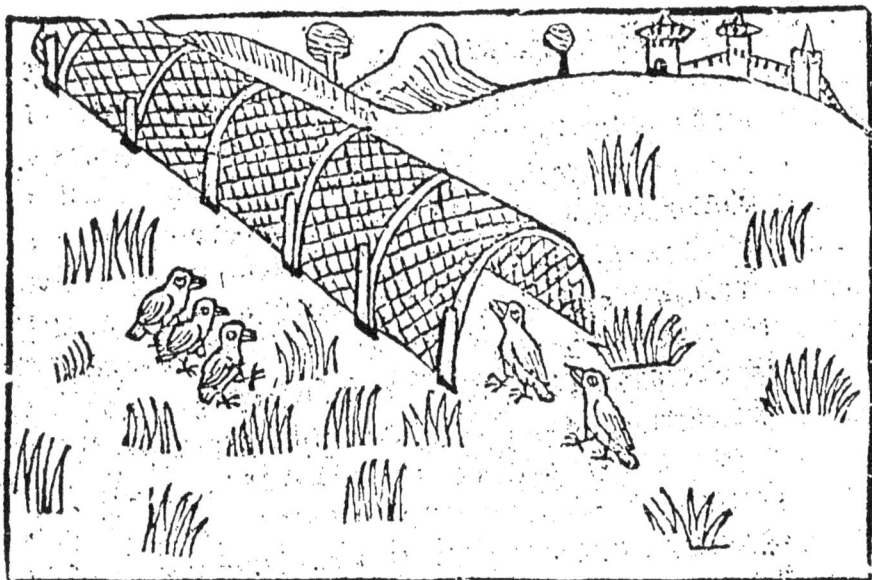

apart\et mettes du ble asses largemēt ꝛ dās le pauillō bien auant et
soit fait bng peu ꝺe train ꝺe ble p ꝺebꝰis ē ꝙenāt ꝺꝛoit au goullet Et les
perdꝛis suiuerōt le train du ble et se bouterōt ꝺeꝺēs le pauillon tantost
pour mēgez le ble quilz ꝙerront ꝺedens et ne pourront trouuer le lieu p
ou ilz sont entrees et ꝺemoureront ꝺedens

¶ A pꝛandꝛe les perdꝛis au tombꝛel a quatre cheuilles

A pꝛ̄tis ꝺemāꝺꝛ cōment on pꝛāt lez perdꝛis a la mozse au tōbꝛel
a iiij cheuilles Modus respōd quāt tu autas les perdꝛis amor
ses sicōme nous auōs ꝺeuise si tend tō trabuchet en la maniere quil est
ꝺeuise et ꝺemōstre en ceste pourtraicture Cest ratz ꝺoit auoir xxxiiij ma
illes ꝺe larges et autāt ꝺe long mais elle est cheuillee en telle manie
re quelle est plus lōgue que large et a trois cheuille es trois coznes ꝺe
la ray Et vne pquoy on tire la ray q̄ est pcee ꝛ entre le trait ꝺe la ratz p
my ainssy cōme bous poues beoir Les arsons q̄ bous bꝛes ꝺeꝺēs y sont
mis q̄ la ratz court p ꝺessus quāt on le tire et sont ꝺe la maniere ꝺe ij cer
cles ꝺe tōnel affin q̄ la ray coure plꝰ soef p ꝺessus et le peult on biē faire
ꝺaultres chose q̄ ꝺe cercles mais q̄ soiēt biē bnis par ꝺessus et fozs et la
cheuille percce par quoy on la tire

La ratz doit estre fichee en ligne du pau du bout de la ratz et des deux
arssons si comme vous poues veoir et doit estre fiche a vne toise ou plus
du bout de la ratz Et qui veult on peult bien faire vne forme comme a
vne ratz volant pour estre mieulx\et quat elle est bien cellee les bestes
quon y veult prandre nont point si le vent de la ratz comme ilz eussent se
elle ne fut point cellee et aussy ne la peuuent veoir pourquoy ilz se doub
tent moins Et a celle peult on a mordre les oiseaulx de riuiere et oise
aulx qui menguent charzongnes ou qui saffient entre les arsons\quat
on tire ceste ray elle queuure hastiuemet ce qui est contre les arsons soi
ent perdris faisaisans ou aultres oiseaulx lieures ou connilz\mais ilz
fault guetter et estre couuert en vne loge ou en vng buisson et doit estre
la ray bien roitement tendue et doit estre de bien delie fille et bien mes
lant pour les perdris Encores dit Modus a ces aprantis quon prant
perdris bien a morses a vne ratz volant\dequoy les gielles not que qua
tre pietz et demy a pietz de main et la fault guetter bien couuert si com
me nous auons deuise du tomberel qui est tresbon engin

¶ A prandre bidecoz en pluseurs manieres et fassons

Aprantis demande coment on prant les bidecos Modus res
pond on prant les bidecoz en pluseus manieres En la saison
que les bidecos sont venus au pais on les prant a la voulee\n
en yuer quant y gelle et fait grant froit on les treuue en ces haultez fo
retz ou es sourses dez chauldes fontainnes\ou ilz sont pour pasturer si se
queuure lon dun cheual a perdris ou dun foluel qui mieulx vault quant
on la treuue es bois et la porte on tout couuert Et quant on voit quil est
bien asseure on tend vng panellet ou vng roselet dun delie fille lesqui
eulx sont tendus pendans par deuers les bidecos et chasse et mainne
tout bellemet droit au fille et il se boute dessoubz et on le chasse si se prat

¶ Lacteur parle de ceste matiere

Le roy modus met en son liure et enseigne coment on doit pra
dre bestes a oiseaulx Et pource que longue chose est a raconter
tout ce quil a monstre et dist me veulx ie restradre a ceulx q son
moins vlees et plus de lictables pour quoy ie veul cy mettre vne

maniere de prandre videcos a la flotoire\il fault que celluy qui le pran
dra ait vng court mantel de coulleur rousse cõme les feulles du bois q̃
sont fenees et bne moufles de mesmes et chappel de faultre et de telle
coulleur et quil soit si long quil biengne iusques aux espaulles quant
il aura en sa teste Et doit le bisaige tout couuert ꝭ aura au chappel deux
ozeilles par ou celluy verra Et ꝑcelluy aura deux petis bastonnes en
ces mains en forelles et couuers du drap mesmes et les deux boutz
des deux bastons feront couuers de rouge drap enuiron plain poulse\ꝭ
si aura celluy petites potences pour aprocher le bidecot si bellement et
a loisir comme il pourra tant que le bidecot lait bien amors et se doit ar
rester Et quant il verra que le bidecot cõmencera Zl errer\adoncques le
doit pursuire en la maniere que tous le tees pourtrait il doit auoir en
sa sainture bne verge ou il aura bng lacet de soie au bout de soie de che
ual et comme dit est doit aprocher le videcot si bellemẽt et a loisir cõme
il pourra tant que le videcot lait bien amors et se doit bien arrester Et
quant il verra que le bidecot commencera a errer adoncques le pursui
ure et se le bidecot farreste sans auoir

La teste leuee il doit frapper ces deux bastons lung cõtre lautre tout en
paix et le biãecot si ad muse et affolle tellemẽt que celluy qui poursuit
la proie ce si pres qui prent sa verge et luy met tout bellement le latz
qui est au tout de la verge au col ainsi est prins Et sachez que les bide-
coz sont les plus folz oiseaulx du monde\au quel oisel moult de gens
de ce monde cessamblent qui sont si folz quilz se amusent aux delices ter-
nes et ne leur souuient de dieu ne des biens celestiaulx\et dont le deable
qui les deschasse leur met le latz au col et les tire a luy Sy puis biẽ di-
re quilz sont prins a la follaterie si cõme le bidecot ainsi come tous sera
deuise a la fin de ces deduitz doiseaulx qui seront moralises

¶ Cy deuise cõment on prent les mauuis a breter

Lapiantis demande cõmant on prent les mauuis abreter mõ-
dus repond a prandre les mauuis abreter atresbon de duit et
se fait en vendanges quant les raisins sont meurs a en cellui
tamps y bient tant de mauuis que cest merueille qui viẽnent pour man-
gier les raisins a donques doit on faire emmy la bingne vne loge de fe-
uilles ou y puisse trois conpaignõs ou quatre tous en estant a soient biẽ
couuers et chascũ bng brect qlz bouteront parmy la loge et font pertuiz
par ou ilz se boutet et doiuent auior bng buian ou vne hue de sur vne ver
ge qui bient dedans la loge et le doit on aulcuneffois faire remuer et si
doit on oster tous les eschalas de la bigne qui sont entour la loge a celle
fin que les mauuis ne sassient dessus Et doit lun des cõpaignous a ga-
cier et appeller les oiseaulx dune fueille dierze\Et apres piper biẽ bas
set et les mauuis viennent et sassient sus les bretz et ceulx qui les tien
nent quant le mauuis est assis dessus y tire la cordelle qui fait cloze le
bret et le mauuis est prins par le piet et sachez que cest si bon deduit a
si chault que cest merueille\et qui est en bon pais de mauuis on en prãt
tant cõme lon veult Et quant les aultres bingne sont vendengees a il
en demeure vne qui nest pas vendengees \ la fait bon bretter Or mo[9]
deuiscrons la maniere comment ces bretz seront fais\qui veult faire
bng bret y fault quil soit fait de cueur de chesnne et de quartier lec sans
nous qui soit fait au rabbot ainsy comme vne flesche

Mais qui soit hng peu plus gros que la berge dung lungeon et doit a
noir quatre piefz de long et a pie ge main ou enuiron et doit estre ainssy
fait come ie deuise de quoy la plus grosse sera caute tout du long et lau-
tre entrera dedes si iustement que le pie du plus petit oisel du mode ne
porroit issir Et quant il sont lun dedans lautre\il sont perchies de telif
ainssi come bous poues beoir et y est mise bne bien delie cordellette qui
est de chanure pignee faicte sur le doy affin quelle soit plus forte a quat
lon le tire\elle fait bien clozze le bzay et le fault tenir si bien et roidemet
quant loisel est prins et on tire le bzay a luy car qui lascheroit le cozdel
son oisel sen iroit Le baston ou le bzay entre doit estre si grosset quion
y puisse faire bng pertuis au bout ou les deux berges du bzay entrerot

et serot les deux boutz des deux berges du bzay bng peu reuerse Ceulx
qui entreront au pertuis du baston affin q̃ le baston se puisse tenir bng
peu ouuert Et quant ilz le boutent parmy la loge les deux berges du
bzay doiuent estre tenues de plat non pas lune sus lautre Or bous a-
bonz deuise coment le bzet est ozdonne si bous dirons coment on se puet
deduire en aultre maniere On peult faire bne loge poztatiue de bzache
de foul et a lon son bzay et bne huette et bait on parmy les bois de pla

ce en place Et quant on treuue les oiseaulx on se assiet en vne place des
couuert et met\son sa huette diung coste et son bzap daultre et doit agar
cher de la sueille dierre et pipper ainsiy come nous auons dit deuant\cy
prét on beaucoup doiseaulx Encoze vous diray vne aultre en este quát
il fait secheresse et oiseaulx ne peuuent point trouuer dauue pour boire
Se tu sces vne maire ou fontainne en ces bois ou il aist eauue et vous
y esties deux ou trois iours et que aies bret\faictes tát de loges comme
vous seres de copaignons au riuage de la maire lung sa et lautre la et
mettes les bratz hozs des loges et les oiseaulx biendzont boire si seront
deceus et prins en ceste maniere y peult on prandze moult doiseaulx ou
il a bon deduit

¶ Cy deuise coment on prant les mauuis a la voulee

Apzantis demande coment on prant les mauuis a la volee
Le roy modus respond au tamps de vendéges que les mau
uis vont au vignes pour meinger les rasins si comme nous
auons deuise ailleurs Len doit prādze garde ou ilz se retraiét au iour
et doit on viser vne belle passee par ou ilz passent ou len puisse tendze sa
ray et doit estre la ray come vne ratz pour la volee au bidecos fozs quel
le soit de tres delie filet et que la maille soit la greigneur que on pourra
fozs que le mauuis y puisse tenir et la doit on tendze a vespzes a la reue
nue des vignes en la forme et maniere que on tend aux bidecos a la
quelle ray a la volee on a le meilleur deduit du monde et le plus hault
et y prent on tant de mauuis quon veult

¶ Coment on prant oiseaulx a la pipee au bois

Apzantis demāde coment on prant oiseaulx a la pipee Mo
dus respond la saison de piper aux oiseaulx comence apzes la
derniere saint michiel tant come les fueilles sont es arbzes
car quant les arbzes sont denues de leurs fueilles les oiseaulx se peu
uent asseoir en mont de lieux ou len ne pourroit mettre gluaux a quoy
ilz se prennent Car tant sont plus les arbzes couuers et mieulx se pze
nent et aussy la saison est plus froide et ont plus lentente a pasturer q

a eulx esbatre ne aller a la pipee Et de tous les deduitz q̃ peuuết estre
a prandre oiseaulx\cest le meilleur et le plus plaisant Sy vous dirons
cõment il se fait au cõmẽcement de la secõde pipee vallẽt mieulx au ma
tin que aũ vespre pource que le tamps est gay ꝓ ne sont pas lez oiseaulx
si aigre de pasturer cõme il sont quant il fait grant froit Tu dois donc̃z
faire ta pipee vng iour ou deux auant que tu pipes ꝓ soit faicte en pais
ou les oiseaulx hantent au matin Et garde bien que tu ne faces ta pi
pee trop desnuee ne descouuerte cest a entendre que tu ne couppe trop de
grans branches ne ostes le soulplain du bois ꝯdẽs la pipee et la faitz
la plus couuerte que tu porras si en sera mieulx prenable Et garde que
quant tu wouldras piper que tu biengne si matin a la pipee\que tu aies
ta pipee gluee a soleil leuant ou vng peu apres Et appelle premieremẽt
de la fueille de lierre car cest vne chose qui mont airait les oiseaulx a ve
nir a la pipee Et quant tu appelles de la fueille dierre parce doncques
porras tu piper de lune des trois manieres de quoy on doit piper\lune
est dune fueille de sol ou daultre arbre Lautre si est de lerbe quon met
entre ces leures Lautre si est dune pipe de bois ou lon met vne taille
bien paree qui est faite daglentier et doit on piper bien basset et estroit

et plus gros pour les merles que pour les pinssons et aultres menus
oiseaulx Lon doit auoir vne huette ou vng huan mise sus vng baston
ainssy come vous poues veoir en la pourtraicture\Les gluons a piper doi
uent auoir vng piet de long a piet de main et doiuent fichez sus la bran
che que lung pende dug coste et lautre de lautre si que les boutz des glu
ons ataingnent ceulx qui sont deuant affin que loisel ne se puisse asseoir
entre deux qui ne prengne La pipee du soir est bonne quat le tamps est
refroidy et que les oiseaulx quieret labry pour eulx iousquier et laissent
les haies et vont au bois Et ainssy quat il a bien amenger au bois de
prunelles de cruelles de grainne de pommes et de telles choses qui me
guent volentiers Et pipes tousiours la ou vous scaurez que les oiseaulx
seront et dois comencer a piper deuant soleil couchant\Se les oiseaulx ne
sont enuiron toy et silz y sont tu peutz bien piper plus tost Tes gluons
doiuent estre bien delies et doiuent estre de blanc boul et ieune et qui su
ient vng peu pelez car ceulx de rouge boul ne ceulx qui sont apres gru
meleux ne ballent riens car la glutz ny peult tenir et sen est tatost vng
oisel desueloppe et la glatz ne se peult des herdre de ceulx de blanc boul
qui sont peles et pource ne sen peuuet des velopper les oiseaulx pour eulx
en aller\ta gluz doit estre de tachoux la plus verte est la meilleur de tou
tes gluz

¶ Coment on prent les pinssons a la passee aux chaps et aux arbres·

Aprantis demande coment on prent les pinssons a la passee
aux arbres Le roy modus respond le taps de tendre aux pis
sons a la passee pour les prandre aux arbres cest enuiro la sait
michiel et dure iusques a la toussains ou enuiron Cest vng tresbon de
duit et plaisant\et vault mieulx quant le vent vient daual quil ne fait
quant il vient dailleurs et que le tamps soit vng peu orbe et sans grat
vent Adoncques passent mieulx les pinssons et plus bas quilz ne font
par cler tamps ne quant le vent vient damoult Et ainssois quon faces
ces arbres on doit guetter ou il a bone passee de pinssons\et se tu la treu
ue bonne si faiz arbres et ne les faiz pas trop pres du bois ne de haies

ne des buiſſons et ne ſoit point en grãs chainnes de bles ne en gaſqui
eres Mais ſoient faitz ou il a petit chanue car en tel place deſcendent
volentier les pinſſons pour paſturer et ſi vient mieulx la mute des piſ
ſons qui ſont a la ligne\que ne feroient ſilz eſtoiēt couuert en vng grãt
chanue de bls et fay trois arbres ſelon ce que tu verras celle paſſee bõ
ne et les faiz poit ſi druz Ceſt a ētēdre trop prз lez vng des aultres mais
ſoient fait a trepie cõme a dix piet lun de lautre et ſoiēt fais en la mani
ere qui ſont cy deſſoubz pourtraiz et figures Et doiuēt eſtre faiz de brã
che de chenne et quilz ne ſoiēt pas ſi haulx quon y puiſſe bien aduenir
au coupel pour les gluer Et que les pietz des arbres ſoient fueillars·
Ainſy cõme vng buiſſon en la maniere qui eſt pourtrait Item doit a
uoir vne ligne bien delice la quelle ira parmy les arbres et ſera ata/
chee au bout dune verge qui ſera fichee en quatre fours des arbres et au
ra la verge cõme enuiron cinq pietz de long et de lautre de arbres aura
vne fourchette auſſy longue cõme la verge ſur quoy la ligne ſera miſe
affin que quant on tirera la ligne que les pinſſons qui ſont en la ligne
puiſſent ſouldre et mouuoir Celluy qui tend la ligne doit eſtre ainſy cõ
me au giet dune pierre et doit auoir en la ligne quatre pinſſous ou ciq

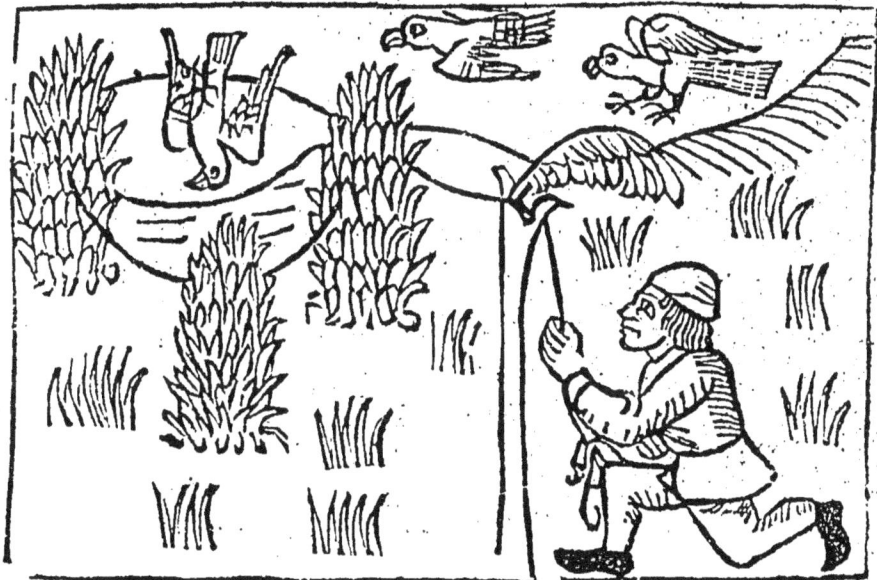

et doiuent tenir en la ligne cordelles ou y pederont\les gluaulx de quoy
les arbres sont glues ne doiuet auoir q demy piet de lõg et doiuét estre
tresdeliees. Et entour les arbres doit auoir cinq ou six caige z bien loig
cõme a vng get de pallet ou il aura trois ou quatre pinssons en chascue
qui chãteront et appellerõt les passans\la quelle chose est la clef du me
stier que dauoir pinssons biẽ appellãs en la ligne z es cagettes. Celluy
q tient la ligne sil doit pinssons descendre pour eulx asseoir es arbres il
ne doit point mouuoir ces pinssons tãt ql doie qlz aient faiz ressus de ux
asseoir. Et quãt il passent oultre y doit tiret sa ligne et mouuoir ces pinf
sons vne fois ou deux tãt quil doie qlz sont du tout reffuz de retourner.
On doit estre au point du iour a ces arbres pour les gluet car la bõne
passee est enuiron soleil leuãt. Et quãt le tãps est bon on y peult estre tou
te iour qui doit que pinssons passent\mais la meilleur passee est entre
le point du iour tierce et midy.

¶ Cy deuise cõment on preint les iais a la passee

A pratis demande au roy modus cõment on prét les iais a la
passee. Modus respõd le tãps ou on prét les iais a la passee
sont en mars et en septẽbre\en mars il suiuẽt les vngs les
aultres pour cause quilz sont ẽ amours et passent a grãs tropeaulx. Et ẽ
septẽbre il sassamblẽt et võt de pais en aultre et quierẽt le bois ou il y a
du glã\car il le mẽguẽt vouletiers si fault prãdre garde ou il y a de meil
leur passee et ou il y a passe plus de iais. Et si passent p dessus haies ou
buissons q soiẽt en plain pais couppes deux ietnes chennez ou il y aist
de belle brãches pour asseoir les gluaulx. Et soiét les deux chennes lies
a bõnes harcelles sus la haie ou sur les buissons sil ny auoit arbres qui
deussent souffire\pour estre glues et soit fait vne loge au dessoubz des ar
bres ou pres de lũg ou être les deux en la haie ou au buisson õ doit auoir
vng iay vif le quel on doit faire crier quant len doit q les iais passent
et trestous. len viendront asseoir sus les arbres qui seront glues. Et y
a si tresgrant criee et si grant noise de iais que on ne porroit pas ouyr tõ
ner et en tõbera tant de prins quil fauldra mõter trois ou quatre fois
pour rengluet les arbres. Et doit on bien garder quil nait enuirõ les

arbres lieu ne arbre ou ilz se puissent asseoir que sur arbres gluez x est
le deduit tel que quãt il y a bõne passee de iais on en peult bien prãdre
du matin iusques a heure de nonne Cẽt ou six vins et plus et y a si grãt
soullas quil nest nul qui le sache et est on bien encombre de prãdre les
iais qui y tombent tant dru Et ceulx qui les vont querre et qui les prẽ
nent en sont picquiez et mors Sy verres grãt bataille et grãt triboul
car cest vng oiseaulx que le iay qui mort tresfort et a le bec tessort x ma
licieulx

<hr>

⸿ Cy devise cõmẽt on prãt les aloes au feu a la cloche et aussy au resol

Aprentis demande cõment on prent les aloes Modus res
pond On prent les aloes en maintes manieres et en moult
de guises\les quelles il monstra mais ie me retiens a vne dz
manieres quil monstra la quelle ie mettray en ce liure A la quelle on
prãt les aloes perdris begasses videcoz oiseaulx de riuiere et mõlt daul
tre oiseaul Et se fait par nuit quant le tamps est bien espes et trouble
Et est ainssy fait il sont trois personnes\lun porte le feu et la cloche les
aultres deux portent vng grãt resol et est celluy qui porte le feu et la clo
che entre les aultres deux ainssy comme vous le voies cy dessoubz pour
trait\la maniere de porter le feu est telle\lon fait vne mesche de vieulx
drapeaulx scetz qui sont moulles en suif fõdu\puis sont ploies en sam
ble en vne torche aussy gros cõme le bras dung hõme et logue cõmme
vng piet a main Et celluy qui la porte la pendu au col ainssy cõme vng
boisel qui nest pas si parfont cõme la mesche est longue dung peu\puis
a dedẽs le boisel ainssy cõme vng cestier de tuille dune maison et en ce
cestier est mise la mesche en la quelle quant le feu y est mis on voit aussy
cler enuiron soy Cõme sil estoit iour\puis vont parmy les champs que
tant les aloes en ceste maniere Celluy qui porte le feu est aux millieu
des aultres deux et tient vne clochette en sa main de quoy il va clochetãt
et sil voit la loe ou aultre oisel il haste la clochette bien tost et plus aspre
ment affin que les deux aultres qui sont a ces deux costes qui tiennent
les couuertoirs puissent veoir x apperceuoir loisel Et quãt lũg des deux
voit la loe ou la perdris ou vng aultre oisel il met son couuertoir dessus

et la pzant Et aduient souuent que quāt loisel voit le feu pzes de luy ql
sieue lesse contre le feu Et adoncques est bon a choisir et en telle manie
re peult on aler es mares et es soursses pour pzandze les bidecoz lez ba
gasses et les oiseaulx de riuiere Et pource faire doit on aller vng hōme
derriere qui sache bien le pais ou il les trouuerōt affin quil les puisse
bien adresser quil ne se esgarent point\car la clarte du feu fait souuent
esbahir et esgarer les rōpaignons cōme ilz doiuent aller et especialle/
ment p nuit quant le tamps est obscur et on ny voit goutte ·Valle·

¶ Cy deuise comment la royne racio moralise sur les oiseaulx

Uant le roy modus eust monstre a ces escolliers toute ordō
nance et la maniere de menuz oiseaulx et de menuz deduitz et
de pzandze toutes manieres doiseaulx Adoncques paela la
royne racio et dit Entre vous apzentis qui aues ouy comment le roy
modus vous a monstre et dit toute la maniere cōment les hommes peu
uent pzandze toutes manieres doiseaulx engenieusement \les vngs
sont prins aux latz les aultres aux raiz les aultres a la glus Seu⁹
y pzenes garde\car ie vous dy bien que le deable qui est trop engeni/
eulx prēt aussy les gēs aux latz a la ray et a la glus si vo⁹ diray cōmēt

Ceulx qui font pzins au latz côme le faulcon font bne maniere de gês
qui font gens de pzoie côme le faulcon qui eft appelle oifel de pzoie · Et
font moult de gens en ce monde qui biuent de pzoie côme font les faul
cons qui biuent de pzoie et des aultres oifeaulx et les deftruifent et de
uozent et les oifeaulx fuient deuant eulx et criêt par quoy aulcûneffois
ce t que le faulcon bante au pais pour la doulte quil fait aux oifeaulx Et
quant il fait fa parche au pais il eft pzins au latz Ainffy eft il de ceulx
qui biuent des biens aux aultre hommes mauuaifement et qui rauiff
fent larzecineufement leurs biens Et ainffy menguent a deuozent lez
gens côme fait le faulcon et les gens qui fen fuient deuant Ainffy co
me fait loifel deuant le faulcon et pource on fcet quil font au pais Et fi
tiennent le pais côme fait le faulcon fa parche Lennemy denfer quilz
feruent fi les pzant aux latz quilz font pendus et ont le latz au col et le
dable en a larme Ainffy le deable defcoit homme qui ne croit ma doc
trine Sy bous dy bien que fe homme croit ma doctrine il na garde des
trois ennemis qui le guerroient Ceft du deable de la char et du monde
Ne fait pot côme le bitecot q eft pris a la flotoire car il eft mufart a ce q

co.t en regardent ce que homme luy fait pour le decepuoir\et tant y mu
fe et fi affolle quon luy met le latz au col Ainffy prent le deable lôme a
la flotoire car il luy met deuant les peulx pour le faire affoller et dece/
uoir\les choses enquoy il est le plus enclin qui font côtre fon ame\et t.it
homme fa mufe au fait de lênemy qui luy met le latz au col Et pource ie
puis dire que homme par fa folie est prins du deable a la flotoire com/
me le bidecot Sy vous dirons côment le fecond ennemy est le monde

Ous aues ouy côment le roy modus a deuife comment hom
me prent moult oifeaulx a la ratz Quant la ratz est têdue y
fault mettre êmy oifeaulx ou aultre chofe a quoy les oifeaulx
quon veult prandre aient defir et volente de venir\affin que quant loifel
vient pour prandre ce qui est emmy la ratz Lautre tire la ray fi eft loi
fel prins et enueloppe foubz la ratz et ne fen peult yffir et est biê mesle
en la ratz Je entens pour la ratz fi est le monde qui queuure toute cho/
fes et est bien entrelacee et plainne de neur la quelle est toufiours ten/
due pour prâdre les corps humains Et parmy ce monde a moult de li/
ces\lefquelx font tou s defires de moult de gens Lefquelx en oblient
les grans biens du ciel et voiuent en cefte ray Cest le monde les delice
charnelx les bons vins les delicieufes viandes les cointifes les grans
eftas les riches qui côuoittent de tel auoir ou les grâs de ce môde q ont
fi grans côuoitifes quil y ont mife toute leur penfeez et affections Et
pource que le cueur et la pêfee font enclins a enfondrer la ratz est tiree
fi font prins et enuoloppe des chofes terriênes qui ne peult reffouldre de
deffoubz la ray ne voler pour aler aux châps Ainffy le môde est deceua/
ble qui est vng ennemy mortel aux humainnes creature\fi vous diray
cômêt la char est ênemy de lôme et cômêt il peult estre deceuz p la char

E roy mod⁹ vo⁹ a deuife cômêt moult oifeaulx font priz a la gluz
p le fait et engin dôme\fivo⁹ dira cômêt les menuz oifeaulx bien
nêt a gaitter le huan ou la huette fi font prins a la glus tellemêt quil
ne peuuent voler ne bouger\Je entens par cefte glus char dôme car
glus fi est ardant et fi tenant quil nest rien qui fen puiffe des lyrder
a tout ce quelle a touche et par la plumes des oifeaulx

Je entens par le huan et par la huette aulcuns grans seigneurs de ce
monde Et vous diray coment le huan et la huette ne se osent mostrex
de iour ains se tiennent en creux darbzes tant quil soit nuit et se font il
pource quilz ne pourroient durer aux menuz oiseaulx qui les desniclent
et agnietent Ainssy est il daulcuns grans seigneurs de ce mode car ilz
ont la char si glueuse æ ardent come la glus qui se prent a la plume des
oiseaulx menuz Ainssy les grans seigneurs prenent æ axerdent la plu
me des menuz gens quilz engluent et prennent du leur sans pier Et
quant les bonnes gens viengnent pour demader le leur les seigneurs
ne solent apparoir a eulx come le huan quil ne soient a quietez des me
nuz gens qui crient et agaictent en demandent ce quon leur doit Ainssy
font ilz engluez pour la conuoitise de la char qui est trop ardent et les me
nuz gens ont les plumes sanglantes et si engluees quilz ne peuent ai
der donequos quant la char comme est si ardet et gluat donequos peult
elle bien estre acoparee a glus Glus est de telle codicion que quat elle
est moullee elle ne peult prandre aulcune chose et ainssy est il de char do
me Quant la char comme est moullee de larmes de cotirction et de pe
nitance elle ne peult prandre ne soy a herder fors adce que deu luy est de
droit et de raison Et cest ce qui peult destruire la mauuaise volete de la
char qui est a homme grant ennemy Et se tu te veulx bien deffendre de
ces trois ennemis cest assauoir du deable du monde et de la char soies
garny de trois choses De foy Desperance Et damour et soies arme de
trois armeutes de confession de repentace et de sattiffacion Ainssy ces
ennemis ne te porront nuire ne greuer·

¶ Cy finist ce present liure intitule le liure de modus et de la royne ra
tio Imprime a chambery par anthoine neyret lan de grace mil quatre
cens octante et six le·xx·iour de octobre·

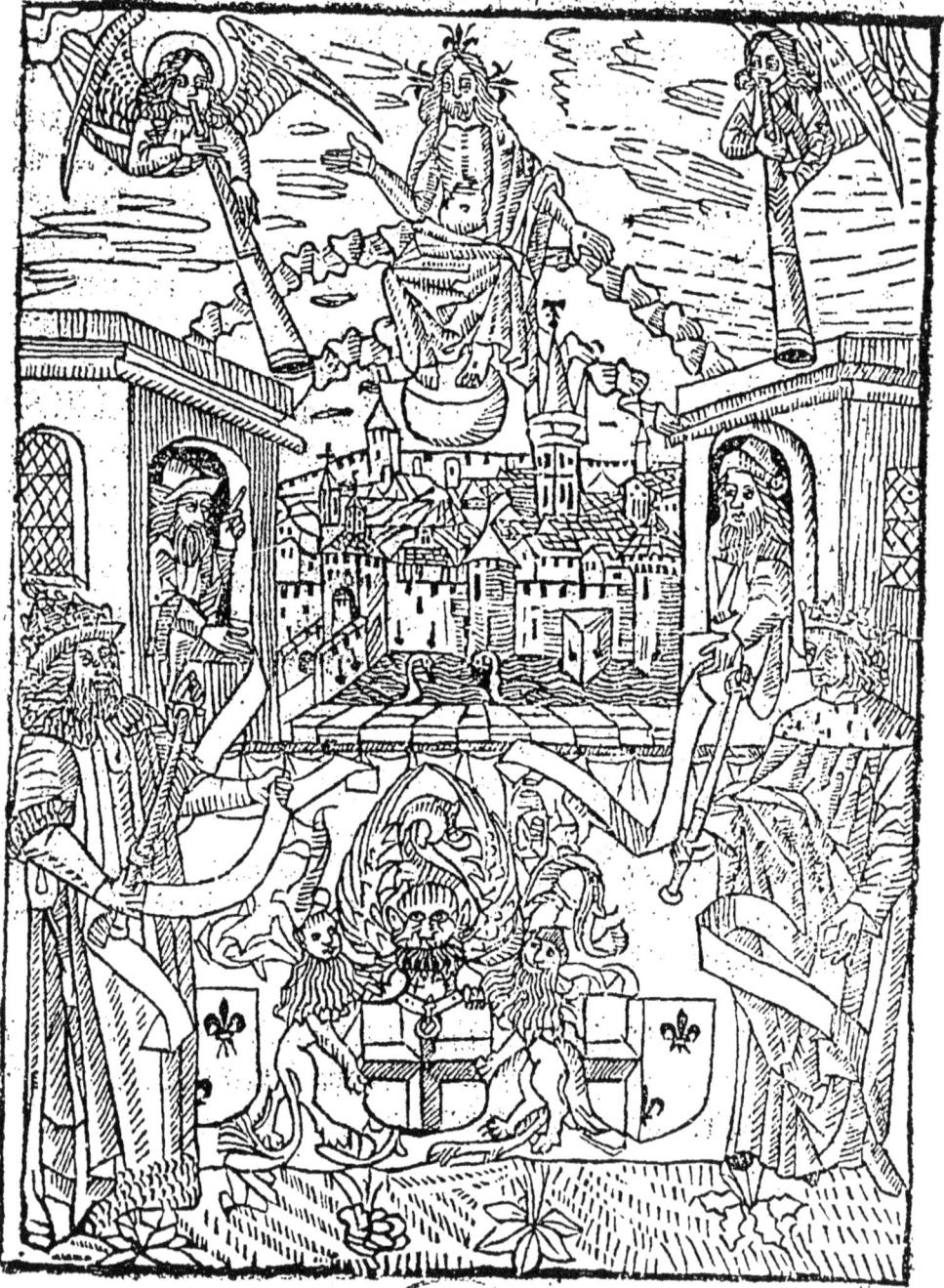

www.ingramcontent.com/pod-product-compliance
Lightning Source LLC
Chambersburg PA
CBHW060530210326
41519CB00014B/3189